ZHENGFU TAIKU
ZHI LU CONGSHU

征服太空之路丛书

刘芳 主编

向太空进军

时代出版传媒股份有限公司
安徽文艺出版社

图书在版编目（ＣＩＰ）数据

向太空进军 / 刘芳主编. — 合肥：安徽文艺出版

社，2012.3（2024.1重印）

（时代馆书系·征服太空之路丛书）

ISBN 978-7-5396-3959-8

Ⅰ. ①向… Ⅱ. ①刘… Ⅲ. ①航天－青年读物②航天

－少年读物 Ⅳ. ①V4-49

中国版本图书馆 CIP 数据核字 (2011) 第 246647 号

向太空进军

XIANG TAIKONG JINJUN

....

出 版 人：朱寒冬

责任编辑：岑 杰　　　　　　　装帧设计：三棵树　文艺

....

出版发行：安徽文艺出版社　www.awpub.com

地　　址：合肥市翡翠路 1118 号　邮政编码：230071

营 销 部：(0551)3533889

印　　制：唐山富达印务有限公司　电话：(022)69381830

....

开本：700×1000　1/16　印张：10　字数：148 千字

版次：2012 年 3 月第 1 版

印次：2024 年 1 月第 6 次印刷

定价：48.00 元

....

前　言
PREFACE

　　"人类不会永远停留在地球上，而是要探索宇宙空间。他们起初会小心翼翼地越出大气层的范围，然后大胆地征服太阳附近的全部空间。"著名宇航科学家齐奥尔科夫斯基一语中的地说出了人类千百年的梦想和追求。的确，从很早很早以前，人类就带着对太空的种种疑问开始了探索。

　　人类对太空的探索不是一朝一夕就能够实现的，它是一个逐渐深入的过程，当然也是一个十分漫长的时期。随着科技的进步和发展，人类借助热气球、飞艇、飞机、火箭、人造卫星、航天飞机等工具，逐渐实现了对太空的观测和科学探索。

　　在对太空的探索路上，充满了曲折和艰难，尽管如今我们已经可以看到距我们数百万光年的星星发出的光芒，尽管我们已经踏上了月球，尽管我们已经可以探测金星、木星、土星乃至更远的星际空间了，但是我们力所不及的地方太多太多了，就目前我们所知道的宇宙知识不过是沧海一粟，冰山一角，对于太空这个不知其边的汪洋大海，人类所能做的也许永远只能是探索，探索，再探索。可贵的是，人类没有知难而退，而是迎难而上，"不积跬步无以至千里"，人类正在一步步向着既定的目标迈进，每一点成绩的取得都会极大地鼓舞跋涉中的人们，激励他们继续走下去，一直到胜利的终点。

　　本书从人类早期的探索太空的活动开始介绍，一直到如今的探索活动，期间有关的发明发现也一并介绍，另外，还适当地介绍了一些有趣的太空话题，如一些前端构想和探索传奇等。

Contents
目 录

太空探索传奇和太空开发设想

早期的人类太空探索

ZAOQI DE RENLEI TAIKONG TANSUO

自古以来，人类就对浩森的太空充满了千奇百怪的遐想，在这些千奇百怪的遐想的"鼓动"下，人类开始了对太空的早期探索。在今天看来，人类早期探索太空的活动十分简单，有些活动甚至有些幼稚，但正是在这些看似幼稚的活动的基础上，人类逐渐开始了伟大的探索活动。

人类制造的第一种飞行器——气球

热气球是人类制造的第一种成功的飞行器。

千百年来，人类幻想冲破天空的封锁，憧憬着像飞鸟一样自由飞翔。为了尝试翱翔天空的感受，各个国家都出现过一些以鸟羽为翼的"飞人"，但他们的试验皆以失败告终。人们都在思索着，梦想着，到底需要借助什么，人类才能飞上天空。

现代热气球作为人类挑战大自然的工具已有200多年的历史，更远可追溯到中国三国时期。相传，诸葛孔明在一次战役中被对手司马懿围困在平阳，无法派兵出城寻求救援，蜀国兵将束手无策，军心不稳。思前想后，诸葛孔明想出了一条妙计，于是他算准风向，命人拿来白纸千张，制成会飘浮的纸灯笼，系上了求救的讯息，再利用烟雾向上的引力带着它们升空。一个个小小的天灯升起，加上军营内的人大声咋呼着："诸葛先生坐着天灯突围啦!"，司马懿竟然信以为真，被蒙骗过去了。这一计谋挽救蜀国军士于危亡之际，大家最后因此而得以脱险。此后，后世就称这种灯笼为"孔明灯"。另一种说法，则是这种灯笼的外形像诸葛孔明戴的帽子，因而得名"孔明灯"。

另外，在1000多年前的五代时期，中国的一位名叫莘七娘的女将军，在指挥作战时，也曾用竹篾扎成纸灯，下面用松脂点燃，靠热空气把纸灯送入空中，作为军事指挥的信号。人们管这种灯叫做"松脂灯"，实际上就是早期的一种热气球。和欧洲最早的热气球比较起来，中国的"松脂灯"要早700多年。

在辽阔的天空舞台上，气球曾经扮演了一个重要的角色，在早期的天空探险中屡次建功。

知识点

热气球飞行的原理

热气球飞行是根据热空气密度比冷空气密度小，相同体积热空气比冷空气轻而产生浮力的原理。把球囊内的空气加热，使其变轻产生浮力，就可以使气球载重升空。利用开燃烧开关的间隔时间长短，调整球囊温度（气体密度）来控制热气球的上升和下降；利用不同高度层的风向来控制和调整自己的前进方向。热气球不能主动改变方向，它的飞行速度与风速相同。

氢气球升空试验和天空探险

人类第一次载人气球飞行成功以后，热气球飞行活动很快在各国流行开来。可是人们发现，热气球自身有很多缺点，一是制作和提供燃烧动力很麻烦，使用以前先要生火产生热气；二是由于高空气温比较低，热气球飞到天上后会很快变冷，因而不能飞得更高更远。于是人们就想，最好能找到一种重量既轻、又不用加热的气体来填充气球。

世界上到底有没有这种气体呢？有，这就是氢。氢是世界上最轻的元素，它的重量只有同体积空气的十几分之一，用它来填充气球，可以提供比热气球大得多的升力。18 世纪末已有不少科学家注意到氢的特殊性能，如果能把这种最轻的气体充入容器中制成气球，一定能够升入空中。这个想法激励着不少人去

氢气球

探索。英国人卡瓦罗已走到了成功的边缘，他曾用清理过的动物尿泡和纸袋充气，但由于过重和漏气而失败。

世界上第一个氢气球，是法国化学家查理发明的。查理教授先用橡胶和丝织品做成一个大口袋，再在口袋上装一根管子，管子的另一端接在一桶硫酸上。然后，他把锌片不断地扔进硫酸里，让硫酸和锌片发生化学反应，于是大量氢气就产生了，并通过管子充入口袋里。

一天，查理教授来到巴黎的一个公园，进行了世界上第一次氢气球的升空试验。试验是比较成功的，这只氢气球升到约 1000 米高，飞行了 45 分钟以后，在巴黎郊区的一个小村旁降落。在那充斥迷信的年代，宗教和科学都在用自己的力量争取群众。当时，这个氢气球透过蒙皮渗出一股股浓烈的硫磺气味，被当地居民看成了恶魔。他们请天主教司祭来惩治这一奇怪的"天外来客"。这个平时装神弄鬼的人此时也战战兢兢地不知如何是好。一个胆大的人走近气球，对它开了一枪，气球开始漏气了。接着，司祭壮起胆子，在他的煽动下，人群凶猛地扑向"怪物"，把它绑在马尾巴后面，结果，查理的发明物被拖成了一块块的碎片……

查理教授既高兴，又惋惜。他决心制作一个更大的氢气球，并且亲自乘坐它，升到天空中去！

3 个月以后，气球做好了，定于 1783 年 12 月 1 日试飞。

那天，有 20 多万人从四处赶来观看，热闹非凡。查理教授和一位伙伴一起，乘着氢气球在广阔的天空中遨游。查理的载人氢气球用浸涂橡胶的丝织物制成，气球下部逐渐收缩过渡为放气管，以防止高空气压过低或太阳照射时氢气体积膨胀而引起爆炸。查理调节升力的重要措施，是安装了两个用绳索来操纵活门的放气活塞。整个气囊被安全网索套着，下面悬挂承力框和吊篮。这些设计细节一直沿用到后来的气球上。

查理和他的助手罗别尔站在鸟笼一样的吊篮里，请来帮忙的人用力拉住系留索。当时，由于激动和不安，谁都一言不发。当抛掉 8.62 千克的配重物后，气球开始从地面升起，一直飞到 650 米的高度，在 45 分钟内飘飞了 40 千米。

随后，查理又进行了半小时的单人飞行。这次减少了一个人的体重，气球升到了 2000 米的高度。在人类历史上，查理是第一个达到这个高度的人。

后来，查理教授在回忆这次飞行的时候，曾经激动地对人们说："当我离开地面时，一种从未有过的欢快之感油然而生。啊，这就是幸福！"的确，这是

氢气球

发明成功的幸福，是人类向大自然挑战时的幸福，是探险获得胜利后的幸福！

从罗泽尔的 900 米到查理的 2000 米，人类在空中越升越高，可是，天到底有多高呢？根据科学的认识，在地球的周围有一层厚厚的大气。大气可以分成很多层，其中贴近地面的一层叫对流层，大约有十几千米厚，对流层中的空气最稠密。再往上是平流层，这一层的顶部离地面大约 80 千米，这里空气十分稀薄，温度也很低。人类如果到了那里，没有必要的保护装置，必定会因缺氧而得高空病，甚至会死亡。

勇敢的飞行探险家们没有在死亡的威胁面前停住脚步。为了科学的发展，

为了征服天空，他们前仆后继，依靠简陋的设备，向天空发起一次次冲击！

1803 年 7 月 18 日，比利时科学家罗伯逊和同伴罗斯特一起，乘氢气球在空中飞行了 6 个半小时，首次达到 7000 米的高度，打破了留空时间和高度上的两项世界纪录。在高空中，罗伯逊感到非常难受，随着气压计不断下降，他的耳中尽是嘈杂的响声，呼吸困难，浑身无力，眼睛中布满血丝，血液也仿佛都涌到了头顶。这是典型的高空病症状。别说是人，就是鸟儿也无法适应这样恶劣的环境，气球吊篮中携带的两只鸽子，一只死亡，另一只也奄奄一息。

1862 年，英国气象学者格列塞和他的青年助手果克苏升到了 9000 米的高度。在 7000 米的高度上，高空旅行者受到了第一场严峻的考验：酷寒和空气稀薄双双折磨着他们，而探索大自然秘密的决心却鼓舞着他们顽强地继续升高。

在他们有趣的高空实验室里，藤条吊篮中除气压计、温度计和时钟外，还挂着一只鸟笼。粗大的缆绳系着铁锚，着陆后要用它系留气球，防止被风刮跑。试想，他们靠着如此脆弱的"风船"航行于大气海洋的惊涛骇浪之中，该需要多么大的勇气和毅力啊！

气球在继续上升，超过了 7000 米，突然，格列塞眼睛模糊了，看不清气压表刻度和时钟的指针。他用手支着身子，可是，右手失去了力量，左手也开始发麻，这是一种高空缺氧反应。他正想挣扎起来观察仪表，却无力地倒在吊篮里，失去了知觉。他的助手果克苏在紧急关头，冒险攀上了吊篮的框架，想用手去拉放气活塞绳，但他的手臂也开始发麻，不听使唤。小伙子急中生智，硬是用牙齿咬住活塞绳往下拉，才排出一部分氢气，使气球下降，回到地面。

高空历险归来，格列塞把他的亲身体验写成一篇报告，引起了医学家的注意，并立即进行了一系列高空生理的实验和研究。以后，人们采纳了医生的建议，在大气海洋中航行时一定要携带氧气。

氢气球可以说是气球的第三代。有了它，许多过去人们难以飞越的地方，像英吉利海峡、北极等，现在都畅通无阻了。于是，永不停顿的气球探险家们又给自己的挑战提出了新的目标。

1978 年 8 月 11 日晚，夜幕沉沉，笼罩着北美大陆。在美国东部缅因州的

大西洋岸边，一个体积达 5000 立方米的巨大气球腾空而起。这个气球名叫
"双鹰 2 号"，里面充满了氦气，球体用尼龙和轻质的人造橡胶薄膜制成。3
位美国发明家、本·阿布鲁佐、马克西·安德森和拉里·纽曼，坐在气球下
的吊舱里，乘着一股从美洲向东吹往欧洲的高空气流，开始了一次充满危险
的航行。原来，他们计划横跨烟波浩渺的大西洋，飞到欧洲大陆去！

寒冷的北极

我们先回顾一下
载人气球横越大西洋
的历史。早在 1873
年，就有人提出了这
个计划并付诸实施，
但气球起飞后不久就
一头栽了下来。后来
又有不少飞行家做过
这万里越洋的尝试，
但是等待着他们的，
是一次又一次的失败，还有 7 个人献出了宝贵的生命。就拿 20 世纪 70 年代来
说，在重新兴起的越洋飞行热中，有 8 次失败的纪录，其中一对英国夫妇和
一个美国人在大洋上失踪。但令人欣慰的是，在人们的不懈努力下，跨洋飞
行的距离在不断地增加着，其中最长的一次，有两名英国飞行家在离目的地
只有 100 多千米的海洋中落水。在"双鹰 2 号"的 3 位飞行家中，有两位曾
经参加过"双鹰 1 号"的越洋飞行，结果在空中漂泊 3 天后掉在冰冷的海里，
其中一位的双腿被严重冻伤，后来几乎锯掉……

虽然经历了一次次的灾难，但飞行家们在挫折中奋起，他们认真总结历
次失败的经验教训，努力利用现代科学技术，改进气球的设计和设施。例如，
气球设计师为"双鹰 2 号"穿上了"白衣黑裙"，也就是说，把气球的上半部
分涂成银白色，下半部分涂成黑色。这样，当白天烈日当空时，银白色的球
顶把太阳的大部分热量反射出去，可以防止气球升得过高而发生危险。夜晚
气温降低，由于海水的温度要比气温高一些，"黑裙子"可以尽量多吸收海面

辐射的热量，防止气球因体积收缩而下降过多。为了防止落海后发生危险，他们把吊舱制成了船身形状。另外，他们听取了气象学家的劝告，选择了对飞行有利的气候条件，如风向好，气流稳定等。他们还在吊舱里装备了一台无线电信标机，不断通过人造卫星和美国空间飞行中心保持联系，以便双方及时了解有关情况。

尽管"双鹰2号"有现代科技"护航"，飞行中仍然充满了危险。大西洋上空的气候多变，时而上升的气流把气球带上几千米甚至上万米的高空，那里空气稀薄，氧气极缺，气温很低，叫人难以忍受；时而下降的气流又把气球压向海面，随时有坠落海中葬身鱼腹的可能。如果遇到狂风暴雨就更麻烦了，气球只能像一叶扁舟一样，孤独无援地在惊涛骇浪中和大自然搏斗。

勇敢机智的飞行探险家们，事先对各种困难作出周密的考虑，安排得十分详尽。他们3人在飞行中轮流值班，分工合作，配合得非常默契。他们随时注意气候变化和气球的情况，如果飞得太高，就放开阀门，放掉一部分氦气，减小浮力；如果下降得厉害，就抛掉一些压舱的砂囊或铅块，减轻重量。就这样，他们整整和大自然搏斗了6天6夜，终于在8月17日傍晚，降落在法国巴黎西北约100千米的一个小镇旁。这是一次不寻常的飞行，时间长达137小时，航程5000多千米，一举创造了载人气球飞行距离最远和留空时间最长两项世界纪录，飞行探险家们追求了一个多世纪的理想终于实现了！为了表彰他们的杰出贡献，法国政府向他们颁发了金质奖章。

▶▶▶ **知识点**

氢气球的类别和应用

轻质袋状或囊状物体充满氢气，靠氢气的浮力可以向上漂浮的物体就叫氢气球。氢气球一般可分为橡胶氢气球、塑料膜氢气球和布料涂层氢气球几种。较小的氢气球，多用于儿童玩具或喜庆时节放飞用；较大的氢气球用于飘浮广告条幅，也叫空飘氢气球。气象上用氢气球探测高空，军事上用氢气球架设通信天线或发放传单。

飞艇的发展历程和环球飞行

飞艇是由气球演变而来的，它的历史比飞机早半个世纪。

在1783年发明了气球之后，人们马上就想方设法改进和驾驶气球。

1784年，法国罗伯特兄弟制造了一艘人力飞艇，长15.6米，最大直径9.6米，充满氢气后可产生1000多千克的升力。罗伯特兄弟认为，飞艇在空中飞行和鱼在水中游动差不多，因此把它制成鱼形，艇上装上了桨。

1784年7月6日进行试飞，当气囊充满氢气后，飞艇冉冉上升，随着高度的增加，大气压逐渐降低，囊内氢气膨胀，气囊越胀越大，眼看就要胀破。这可把罗伯特兄弟吓坏了，他们赶紧用小刀把气囊刺了一个小孔，才使飞艇安全降到了地面。

飞艇上管理员的宿舍

这次试验启示人们，应当在气囊上留一个放气阀门。2个月后，兄弟俩又对飞艇进行了改装，作了第二次飞行。这次飞行由7个人划桨作动力，飞行了7个小时，但只飞了几千米。虽然飞行速度很慢，但它毕竟是人类第一艘有动力的飞艇。

1872年，法国人特·罗姆制成了一艘用螺旋桨代替划桨的人力飞艇。飞艇长36米，最大直径15米。加上吊舱，高达29米，可载额为8人。螺旋桨直径9米，几个人轮流转动螺旋桨，使其产生拉力，牵引飞艇前进，速度达每小时10千米，比划桨的飞艇快多了。不久之后，另一个法国人卡奴·米亚从自行车受到启发，设计了一种脚踏式螺旋桨飞艇。这种单人飞艇在无风时可以短时间飞行，速度可达每小时16千米，比起手转螺旋桨飞艇又快了许多。但这时飞艇飞行中有一个难题还没解决，就是飞艇一升高，就要通过阀门放气，以防止气囊膨胀爆裂，但气放掉之后，就再也无法升高了。

为解决这一问题，法国的查理教授和罗伯特兄弟于 1874 年制成了一种装有空气房的气球。它的形状像纺锤，与现代飞艇很相似。这种气球，外面是一个大的丝质胶囊，里面有一个小气囊，小气囊上面有一个气体阀门。外囊充氢气，使气球产生浮力升到空中，内囊用来充空气。这个小气囊就叫"空气房"。气球在升空之前，先将"空气房"充进空气。当气球升到一定高度后，就将"空气房"打开，放出一部分空气。这样，外囊膨胀后，"空气房"就因受挤压而缩小，使外囊膨胀的压力有所减小，以保证气囊不致胀破。这一发明，解决了气球升空的一大难题，是飞艇发展史上的又一重大突破。此后，"空气房"很快便在所有飞艇上使用了，并一直沿用至今。

18 世纪 60 年代，蒸汽机、内燃机、电动机相继发明，为飞艇动力的改进创造了条件。1851 年，一台重 160 千克，功率为 2.2 千瓦的蒸汽机制造成功，并很快被应用于飞艇上。1852 年，法国的齐菲尔德制造了一艘椭圆形的飞艇，长 44 米，最大直径 13 米，总升力达 2000 千克多。飞艇上安装了螺旋桨，并用这台蒸汽机作动力。

人们幻想中的空中城堡——
"齐柏林伯爵"号飞艇

9 月 24 日，这艘以蒸汽机作动力的飞艇在巴黎郊区试飞。那天，天气晴朗，风和日丽。飞艇升空后，蒸汽机以每分钟 110 转的速度，带动直径 3 米多的三叶螺旋桨旋转，前进速度达到每小时 9.4 千米。但由于没有考虑操纵问题，飞艇起飞后不能返回起飞地点着陆。

1884 年，法国的军官路纳德和克里布又制造了一艘"法兰西"号飞艇，长 51 米，前部最大直径 8.4 米，用蓄电池供电的电动机作动力。8 月 9 日凌晨 4 点，在法国科学院观察员的陪同下解缆试航。飞艇先向南飞行，然后向凡尔赛宫飞去，在离出发点 4 千米处返航。在高度 300 米处打开放气阀门排氢降落，在降落中多次前后转动，以对准着陆点。飞艇到达 80 米高度时，丢下缆绳由地面拉降固定。试飞历时 25 分钟，飞行速度最高达每小时 24 千米。这是人类第一艘能操纵的飞艇。

在飞艇发展史上，德国的退役将军菲迪南德·格拉夫·齐柏林是一个重要人物，他是硬式飞艇的发明者，被后人称为"飞艇之父"。

1900 年，齐柏林制造了第一架硬式飞艇。它的最大特点是有一个硬的骨架，骨架是由一根腹部纵向大梁和 24 根长桁及 16 个框架构成，并使用了大量纵向和横向拉线，以增强结构强度。艇体构架外面蒙上防水布制成的蒙皮。艇体内有 17 个气囊，总容积达到 1.2 万立方米，总浮力达 13000 千克，是当时软式飞艇的 5~6 倍。由于多气囊还能起到类似船上隔水舱的作用，所以大大提高了飞行的安全度。

飞艇落地时，需要大量的人力来拉才行

1908 年，齐柏林又用自己的全部财产设计制造了当时世界上最大的一艘飞艇——"Lz - 4"号。齐柏林对这艘飞艇的性能非常满意，他曾亲自驾驶这艘飞艇作了一次远航试验。飞艇从德国起飞，飞过阿尔卑斯山，到达瑞士后返航。这一成就引起了德国政府的重视，他们宣布，如果飞艇续航时间能超过 24 小时，政府就购买它，并愿意支付发展硬式飞艇所用的全部研制费用。这年 8 月 4 日，是"Lz - 4"号飞艇正式接受检验的日子。政府官员和许多观众都来到了现场。齐柏林亲自驾驶飞艇升空。开始一切都很顺利，可是几小时后，发动机就出了毛病，飞艇只好迫降地面，进行维修，准备再次升空。谁知祸不单行，偏偏在这个时候又起了一阵狂风，将飞艇的锚绳吹断。飞艇朝一片树丛撞去，当场毁坏了。德国政府由于怀疑飞艇的作用而放弃了购买，齐柏林也变得一贫如洗。正当齐柏林走投无路时，一位法兰克福时代报的记者富果·艾肯纳博士伸出热情的双手帮助了他。艾肯纳将飞艇的现场客观地作了报道，又把齐柏林为发展飞艇而奋斗的事迹做了一番宣扬。全德国的报纸都转载了艾肯纳的文章。

当更多的人了解到齐柏林的事迹时，许多人被深深打动了，迅即，在德国人民中，发起了一场捐款活动，在很短时间内就筹集了600万马克，足够齐柏林再造一艘新飞艇了。

齐柏林总结了过去失败的教训，重新设计制造了"Lz－5"号、"Lz－6"号飞艇，经过试飞都获得了成功，在空中停留的时间都超过了24小时。后来他又制造了3架飞艇，性能都不错，完全可以进行空中运输。在这种情况下，齐柏林与艾肯纳决定成立一家航空公司，起名叫德拉格公司。这是世界上第一家航空公司。

1910年6月22日，第一艘飞艇正式从德国法兰克福飞往杜赛尔，建立了第一条定期空中航线，担任首航运输任务的就是"Lz－7"号飞艇，它一次可载24名旅客，有12名乘务员，飞行速度为每小时69～77千米。

齐柏林逝世后，他的继承人艾肯纳博士提出了一个大胆的计划：建造一艘环球飞艇，开辟洲际长途客运。艾肯纳设计的环球飞艇确实很大，这艘飞艇长达237米，最大直径30.5米，可充10.47万立方米的氢气，本身重量为11.8万千克，载重5.3万千克，用5台柴油发动机作动力，最

飞 艇

大速度每小时193千米，于1927年7月建成。为纪念齐柏林，这艘飞艇被命名为"格拉夫·齐柏林"号，由他的女儿主持了建成典礼。

1929年8月8日，"格拉夫·齐柏林"号飞艇开始了一次伟大的环球飞行，从美国的新泽西州出发，经过德国、苏联、中国、日本，于8月26日回到洛杉矶市。整个航程历时21天7小时34分。齐柏林号飞艇环球飞行的成功

大大促进了飞艇的发展。

20世纪30年代建造飞艇的技术已达到相当成熟的程度，特别是进入全盛时期，甚至用两个星期就可造出一艘。看到了航空时代的巨大前景，各个国家都把它当成一种有力的空中武器和交通工具。据统计，在20世纪20～30年代，美国建造了86艘，英国建造了72艘，德国建造了188艘，法国建造了100艘，意大利建造了38艘，苏联建造了24艘，日本也建造了12艘。这是飞艇的鼎盛时期，所以人们把这期间称作飞艇的"黄金时代"。

可是，好景不长。充氢飞艇多次出现了着火爆炸事故。充氦飞艇虽然比较安全，但由于体积庞大，臃肿笨重，结构不够坚固，一再出现被飓风吹折尾翼而坠落海中的事故。世界上著名的大型飞艇"阿可龙"号和"麦康"号等连遭厄运，迫使各国停止生产和使用大型飞艇。一度活跃的"空中巨鸟"从此销声匿迹。20世纪30年代以后，世界上几乎只有美国的一种小型软式飞艇"欧洲"号幸存，它装着上千只彩色灯泡，在城市夜空徘徊，做广告用，但如今已经是形单影只，处境凄凉了。

知识点

飞艇的组成和各自的功用

飞艇主要由艇体、动力装置、尾翼和吊舱组成。艇体的气囊内充有比空气轻的氢气或者氦气，利用它们受到空气的浮力，飞艇才能浮在空中。动力装置用来推进飞艇。尾翼用来起稳定、控制作用和改变飞行方向。吊舱用来载人和货物。

太空探索的新时期——航天时代

TAIKONG TANSUO DE XINSHIQI——HANGTIAN SHIDAI

人类经历了漫长的早期太空探索活动，随着科技的快速发展，人类迎来了太空探索活动的新时期，那就是太空探索的航天时代。这是人类太空探索的具有里程碑意义的时期，在这个时期，人类探索宇宙有了极大的进步，取得了前所未有的成绩，视野也开阔了许多，对宇宙有了新的认识，也形成了新的宇宙观，这无疑对进一步的宇宙探索活动有着莫大的裨益。

从滑翔机到"飞行者"1号

任何新事物的产生，都不是一帆风顺的，尤其是在科学发明的道路上，开创者必须付出更多艰辛努力，甚至是生命。飞机的研制和发展，就是这种情况。

自从蒙哥菲尔兄弟的热气球成功升空以后，氢气球和飞艇也都陆续升上了天空。一时间各种各样的气球和飞艇成了人们谈论的焦点和宠儿。然而，

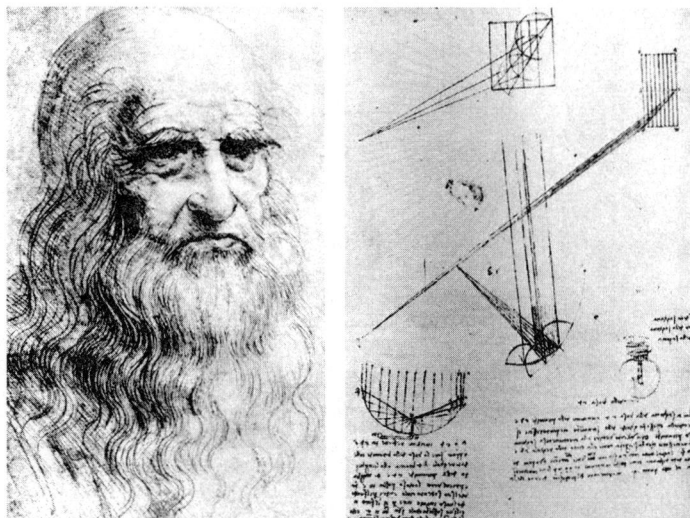

达·芬奇的发明设想图

随着人们研究的深入和飞行事故的不断发生，航空先驱者们清楚地意识到：这些轻于空气的航空器无论是在安全性、操纵性还是发展前途上都存在着很大的局限性。它们的飞行速度低，不易操纵和控制，而且对载人来说也不安全。因此，人们的注意力逐渐转向了重于空气的航空器（飞机和滑翔机）的研究上。

说到飞机和滑翔机就不得不提到两个天才的设计家：意大利的列奥纳多·达·芬奇和英国的乔治·凯利。达·芬奇是第一个运用科学知识对飞行问题进行研究的人，并曾设计出了降落伞和直升机的雏形。

乔治·凯利男爵（1773～1857）被公认为飞机的创始人，被后人誉为"航空之父"。他为制造重于空气的航空器创立了必要的飞行原理。而在这之前，航空被人们认为是一门"在公众眼中接近于荒谬可笑的科学"。乔治·凯利在23岁的时候，制造了一个直升机模型。大约在1801年，乔治·凯利研究了鸟飞翔时的推动力，并于1804年在旋转臂上试验了一架滑翔机模型。在随后的时间里，这位伟大的先驱者曾多次制造了改进型的滑翔机原型机。

在滑翔机研究方面最重要的先驱者是德国的工程师奥托·李林塔尔

（1848～1896），他于1889年出版了一部航空经典著作：《作为航空基础的鸟类飞行》，仔细地分析了鸟翼的形状和结构，从中得出了许多重要的数据，并应用于人的飞行。更为可贵的是，李林塔尔在1891～1896年的6年时间里，亲自进行了2000多次滑翔飞行试验，积累了大量的经验和飞行数据。1896年8月9日，这位伟大的先驱所驾驶的滑翔机不幸从空中坠落下来。他的临终遗言是："要想学会飞行，就要做出牺牲。"

鸟类的飞翔给人们制造
飞机提供了许多启示

经过无数先驱者的不懈努力，自由飞行的梦想离我们越来越近了。威尔伯·莱特（1867～1912）和奥维尔·莱特（1871～1948）兄弟俩是美国俄亥俄州一名牧师的儿子，他们从少年时代起就对飞行十分感兴趣。1895年他们开了一间自行车修理和制造作坊，并开始研究和制造飞机。莱特兄弟没有受过高等教育，但他们勤奋好学，十分重视理论和实践。为了弥补自身知识的不足，他们阅读了大量的空气动力学方面的文献。为了读李林塔尔的著作，他们还自学了德文。1899年，哥哥威尔伯·莱特向史密森学会借阅了大量的有关航空的书籍和文章，进行了系统的研究，兄弟俩在总结前人的经验和教训的基础上，开始了他们的滑翔飞行试验。

1900～1902年，莱特兄弟先后制造了3架滑翔机，进行了上千次飞行试验，每次都详细地记录了不同情况下的升力、阻力、速度等数据，并对操纵进行了反复的改进。1901年9月，莱特兄弟自己设计了一个小型风洞，用来精确测量气流吹到薄板上所产生的升力，并自己设计制造出了测量升力和阻力的仪器。

兄弟俩于1902年设计出了他们的第一架飞机。但在当时却没有哪一个公司愿意冒险制造航空发动机和螺旋桨，于是莱特兄弟只有自己动手了。他们

莱特兄弟在试验飞翔

首先设计出图纸，然后在自行车技师泰勒的帮助下，花了6个星期的时间制造出了一台12马力的活塞式发动机。这台发动机有4个汽缸，采用水冷方式，其总重（包括附件、水和燃料）约为91千克。至于螺旋桨，当时根本没有什么数据资料或是计算公式可以供莱特兄弟参考，他们完全是从头开始研究理论。经过艰苦的努力，终于制造出了一种效率比较高的螺旋桨。

经过几年的努力，莱特兄弟的第一架飞机——"飞行者1号"终于出现在人们的面前。1903年12月17日，在北卡罗来纳州的基蒂霍克海滩上，"飞行者1号"像一只白色的巨鸟昂然挺立，显得十分轻盈。它的机身骨架和机翼都是用又轻又牢的枞木和桉木制成的，螺旋桨也是枞木的，弯曲的机翼上蒙着薄薄的但十分结实的棉布。飞机的长度为6.5米，翼展12.3米，整架飞机的重量为280千克，飞机完全靠螺旋桨的推动力起飞。这天，"飞行者1号"总共进行了4次飞行，第一次试飞是由弟弟奥维尔·莱特驾驶的，飞机摇摇晃晃在空中飞行了12秒钟，在36米远的地方降落下来。而后来得到世界公认的第一次自由飞行则是由哥哥威尔伯·莱特驾驶的第四次飞行，飞机在空中用59秒的时间飞行了260米。

在莱特兄弟第一架飞机成功以后，迎接他们的不是鲜花和掌声，而是怀疑与挑剔。保守的学究们不相信"自行车工人"能造出飞机，在很长时间里，"第一架飞机制造者"的荣誉被不公平地安在史密森学会的主席兰利的头上。然而莱特兄弟仍然不断地探索和进取，并多次到世界各地作飞行表演，散播航空的种子。他们将自己的一生都献给了航空事业，终身没有结婚，后来人们将他们誉为"航空奠基者"。

滑翔机的飞行方式

滑翔机是一种没有动力装置，重于空气的固定翼航空器。它可以由飞机拖曳起飞，也可用绞盘车或汽车牵引起飞，更初级的还可从高处的斜坡上下滑到空中。滑翔和翱翔是滑翔机的两种基本方式。在无风情况下，滑翔机在下滑飞行中依靠自身重力的分量获得前进动力，这种损失高度的无动力下滑飞行的方式就称为滑翔。在上升气流中，滑翔机可像鸟雀一样展翅平飞或升高，这种飞行方式就称为翱翔。

伟大的"空中冒险"——飞越英吉利海峡

莱特兄弟的成功轰动了世界。欧洲各国竞相邀请他们去做飞行表演，掀起了一股飞行的热潮。在各国工程师和飞行员的努力下，飞机的留空时间、飞行距离等纪录都不断地被刷新。一些具有远见卓识的人也指出，飞机是一种很有发展前途的交通工具。

许多因循守旧的人却坚决反对这种观点。有人冷嘲热讽，也有人肆意诅咒，企图把这个新生事物扼杀在摇篮里。在这种情况下，未来空中交通的大力支持者、英国《每日邮报》的创始人斯基利弗爵士，决定拿出 1000 英镑作为奖金，奖给第一个驾机横越英吉利海峡的人。

英吉利海峡位于英国和法国之间，最窄处只有 32 千米，最宽处也只是 100 多千米。今天，有不少人甚至能够游过去。但在飞机刚刚诞生的时代，狭窄的英吉利海峡却是飞机难以逾越的障碍。那时候，飞机发动机的性能不稳定，经常出现故障；飞机上没有最起码的导航装置，在大海上极易迷失方向，并容易受到强烈海风的影响。驾驶这样的飞机飞越英吉利海峡，无疑是一次"空中冒险"。

即使困难再多，还是有不少飞行家参加了这项活动。其中有一位法国飞行家，叫胡伯特·拉赛姆。拉赛姆是一位老练的飞行家，早在 1904 年，他就曾经乘汽艇从英国伦敦直飞法国巴黎。

1909 年 7 月 19 日，拉赛姆驾驶单翼机"安托瓦内特"号，从法国的加莱海岸起飞了。可是，飞机还没飞出 10 千米远，就因发动机突然出现故障而一头栽了下来。好在离海岸不远，一艘法国救护船火速赶到失事现场。这时，"安托瓦内特"号正在缓缓下沉，满心沮丧的拉赛姆低着头坐在即将沉入海底的机身上。

可是，这次失败并没有使拉赛姆丧失信心。几天以后，他准备改用另一架单翼机继续飞行。但是天公不作美，大风骤起，海浪滔滔。拉赛姆只好将自己的飞行计划推迟，等待好天气的到来。

就在这时候，另一位法国飞行家路易·布莱里奥也赶到加莱海滨。为了抢在其他人的前面成功，布莱里奥明知天气不适宜飞行，仍然驾机飞上了天空。

布莱里奥驾驶的也是一架小型单翼机，发动机的功率是 25 马力。1909 年 7 月 25 日 4 时 35 分，天刚蒙蒙亮，他驾机离开法国海岸，一直向西飞去。进入海峡以后，四周茫茫一片，根本看不见陆地。布莱里奥谨慎地把握着航向。20 分钟以后，英国的海岸线终于遥遥在望了。

后来，布莱里奥这样描述当时的情形：

"现在我要全神贯注地把稳机舵了……我遇上了困难，情况有点不妙，高耸的悬崖之外，风力特别强劲，我的速度减弱了。然而我迎着强风，冲了过去！……我看到崖上有一片旷地，就扭动舵盘，在空中转了个半圈，然后飞进旷地上空。我终于重新着陆了！"

英吉利海峡就这样再一次被人类征服了，勇敢机智的布莱里奥获得了 1000 英镑奖金。人们为了纪念这次飞行，在他驾机降落的英国多佛尔海岸，建立了一块石碑，石碑上镌刻着布莱里奥座机的形象。同时，人们也没有忘记虽多次受挫、却从不气馁的拉赛姆，在离这块石碑不远的地方，为他立起一尊石雕像，上面写道：

"人们不会忘记他在英吉利海峡上的勇敢飞行。"

征服 "不可横越" 的大西洋

飞越英吉利海峡，只是越海飞行的一个开端。紧接着，不知疲倦的飞行家们向自己提出了一个新的目标：跨越大西洋！

到第一次世界大战前夕，飞机的导航仪器、高度和速度指示器已相继被发明和应用，发动机的性能、飞行速度、续航能力等都有了一定提高。然而，要想横越宽达数千千米的大西洋，仍然需要高超的飞行技术，更需要敢于冒险的勇气和不怕牺牲的精神。

浩瀚的大西洋

两名英国飞行家首先向大西洋发起挑战，他们是哈里·霍克和麦克肯西·吉里夫。1919 年，他们驾驶飞机从大西洋西岸出发向东飞行，但起飞后没多久，飞机就出现故障，开始向着海面坠落。眼看他俩难逃葬身鱼腹的厄运了，霍克突然发现，附近海面上有一艘正向欧洲航行的丹麦小船。两位飞行家施展平生本领，好不容易才使飞机平坠在这条小船附近，落水后，很快被船上的人搭救起来，终于死里逃生。

不久以后，两位飞行家安全到达伦敦。这时候，由于长久得不到消息，大家都认为他们已经 "牺牲" 了，现在二人意外归来，消息眨眼间传遍了英国。虽然他们的航行失败了，但为了表彰他们的勇敢精神，人们仍然为他俩举行了一个盛大的欢迎会。

这以后不久，美国海军组织了一次横越大西洋的飞行。为了安全，美国人使用了 4 架 "克蒂斯" 型水上飞机，如果发生意外，它可以在海面降落。结果有一架水上飞机横越了大西洋。可是人们认为，这架飞机在飞行途中曾多次在水上降落，不能作为飞行纪录。

"真正的征服"是由两名英国飞行家完成的，他们是约翰·阿尔科克和亚瑟·韦顿－布朗。第一次世界大战期间，为了打败同盟国，他们都曾在"皇家飞行队"工作过。1919年6月14日，阿尔科克和布朗驾驶着一架经过改装的"维米"型轰炸机，从北美洲东部的纽芬兰岛起飞，向大洋东岸的爱尔兰岛前进。

征途中真可以说是充满艰难险阻。起飞后不久，一部发动机的废气喉脱掉了，霎时间浓烟滚滚，使他们看不清前方的景物，而发动机发出隆隆的声响，又使人烦躁不已。"老天"似乎也和他们作对，刚才还是晴空万里，碧海平波，突然间天昏地暗，乌云滚滚，风雨交加。气候真是恶劣到了极点；再加上浓雾迷漫，仿佛把整个世界都遮盖起来了，使人难辨方向；接着又大雨倾盆，把两位飞行家淋得浑身湿透……两位飞行家并没有认输，他们齐心合力，同大自然英勇搏斗，不顾一切地飞向前方！

今日爱尔兰

忽然，迎面吹来的飓风迫使飞机直向海面坠去，两部发动机也同时停止了。在这紧急关头，阿尔科克临危不乱，很快就找到了解决的方法，使发动机在飞机急速坠落的同时重新发动了起来。这时候，飞机距离海面只有20多米了，阿尔科克拼命操纵平行杆，终于使飞机在离水面只有几米的地方重新进入水平飞行的状态。飞机脱险了！两位飞行家互相望了望，又望了望几乎溅到机身上的浪花，发出了会心的微笑。

然而，一波未平，一波又起。猛然间，飞机又闯进一场暴风雪中！狂风夹着雪花漫天飞舞，气温也骤然降至0℃以下。新的危险发生了：潮湿的空气被吸入发动机以后，里面的水分开始结冰，而且越冻越厚，使发动机随时有停转的可能。两位飞行家又一次面临着生与死的考验！这时，胆量超群的布朗小心翼翼地爬出机舱，双手紧紧抱住机翼上的支柱，慢慢爬到左发动机的后部。他用两腿代替双手，死死地缠住柱架，腾出手来，用一把小刀把冰块铲掉。这样做是十分危险的，万一两腿夹得不紧，布朗就会掉进茫茫大海。另外，由于他离发动机上的螺旋桨只有几寸距离，稍有不慎，就可能被桨叶碰伤……操纵飞机的阿尔科克看到这一切，心都快提到嗓子眼上来了。可是，在当时的情况下，也只能如此才有机会挽救飞机的命运了。

布朗把左发动机里的冰块铲除干净以后，又爬到右边机翼上，清理另一个发动机。接着又返回左边……就这样，他往返爬行了5次，保证了飞机的正常飞行。

一天一夜扣人心弦的搏斗过去了。当东方重新出现一线曙光，大西洋渐渐变亮时，两位飞行家终于看到了远方的陆地。胜利在望了！他们抑制不住内心的喜悦，大声地欢呼。6月15日早晨8时25分，飞机在爱尔兰戈尔韦镇附近的一块旷野上平安降落。曾经被认为是"不可横越"的大西洋终于被英勇的飞行家们征服了。

两位飞行家在返回伦敦时，受到了盛大的欢迎，他们在飞行中表现出来的过人胆量、杰出技艺和献身精神，一时被人们传为佳话。

飞离地球，飞向宇宙——火箭升空

我们知道，早在1687年，英国科学家牛顿在《自然哲学的数学原理》一书里，就有这样一段论述：

"如果在山顶上架起一门大炮，把一枚炮弹平射出去，炮弹在落到地面以前就会沿着曲线飞过两英里的距离。假如没有空气阻力，那么炮弹的发射速度增加一倍，它飞行的距离也差不多会增加一倍……加大速率就可以随意加大飞行的距离和减小弹道的曲度……可以使炮弹绕全球飞行，甚至飞入宇宙空间，直到无限远。"

牛顿的这个设想是符合科学原理的。根据科学家的计算，只要能把"炮

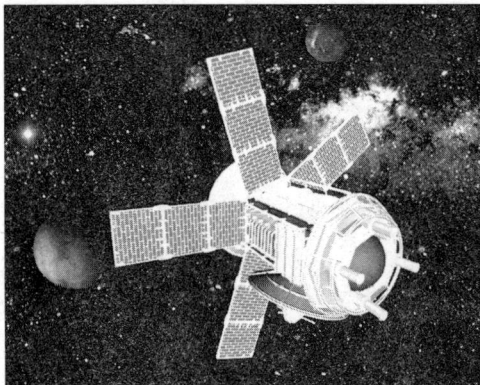

飞跃太空的人造卫星

弹"宇宙飞船的速度增加到每秒7.9千米，宇宙飞船就可以在轨道上绕地球运行，每84分钟绕地球一周。

1957年，在牛顿的设想发表270年的时刻，一颗他预想中的"炮弹"由苏联发射成功。这是世界上第一颗人造地球卫星。全世界都为之震动了。紧接着，苏联又向太阳系中的行星轨道发射火箭，并让无人驾驶的飞行器在月球表面着陆。

接下来的挑战，就是要实现齐奥尔科夫斯基的预言：让人类飞离地球了。

人是在地球上进化、发展起来的，人类的身体结构和各种功能都适应了地球上的环境。人要想到宇宙中去，就必须首先征服6道难关。

第一道难关是火箭发射时产生的巨大冲击力。每个人都有这样的感觉：汽车急速启动的时候，乘客会产生受到冲击的感觉。由于火箭起飞时的加速度很大，产生的冲击力是汽车的不知多少倍。这种现象叫"超重"，是人很难忍受的。为了克服超重带来的影响，宇航员必须在地面上做各种训练，熟悉并适应超重环境。

第二道难关是失重。宇宙飞船在环绕地球的轨道上飞行时，由于地心引力消失，进入了无重量状态。在这种情况下，整个身体、甚至包括血液和眼球都失去了重量。人类在失重状态中会产生哪些反应，身体健康、生活、工作等将会受到哪些影响，都是科学家必

发射火箭

须弄清并解决的问题。

第三道难关是宇宙中的真空状态。宇宙空间没有空气，而人一时一刻都不能离开新鲜空气。要解决这个难题，只有把飞船密封起来，在飞船内部保持一个和地球相同的环境。为了预防万一，科学家们还研制出宇航服。这种衣服是密封的，能保证人体处于正常的气压下，并随时供应新鲜空气。

第四道难关是宇宙中流星的袭击。万一宇宙飞船被流星撞上，后果是十分可怕的。

第五道难关是宇宙线和高能粒子。在地球上，由于浓密的大气层的保护，来自宇宙空间的高能量射线和粒子，太阳的紫外线辐射等，都被阻挡住了。宇宙中没有大气层的保护，宇宙射线等会对人类造成多大伤害，就成为一个很重要的问题。

第六道难关是宇宙飞船返回地球时的高温。我们知道，流星体在坠入地球大气层时，会跟空气剧烈摩擦而燃烧。宇宙飞船也是这样。为了解决这个问题，人们在飞船的外壁覆盖了足够厚的耐热材料。

科学家们经过认真研究和大量实验，提出了克服困难的具体办法。6道难关被一一攻克了，人类进入宇宙的时机成熟了。

1961年4月12日这天清晨，加加林身穿宇航服，沿着扶梯，走上巍然矗立在拜克努尔空间基地的"东方"号宇宙飞船。在起飞以前，他向苏联人民、全世界人民发表了热情的讲话。

"再过几分钟，巨大的宇宙飞船将把我带入遥远的宇宙空间……现在对我说来，我的整个一生仿佛都是美妙的一瞬。过去所经受的和所做过的一切都为这一分钟而经受了和骄傲到了……是高兴吗？不，这不仅仅是高兴。是骄傲吗？不，这不仅仅是骄傲。我感到莫大的幸福。第一次到宇宙中去，同大自然进行

前苏联领导人勃列日涅夫与加加林

空前的搏斗——一个人还能幻想更多的事吗？

"另外，我还考虑了落在我肩上的巨大责任。第一次实现世世代代人们所向往的东西，第一次为人类铺设通向宇宙的道路……还有比我所肩负的任务更复杂的任务吗？这不是对一个人、对几十个人、对一个集体所负的责任，而是对苏联人民、对全人类、对人类的现在和未来所负的责任！

"……再见，就像人们启程远行时相互间通常说的那样！"

世界各国人民通过广播收听了加加林的讲话。他们关注着这次伟大的远航。在预定的时刻——莫斯科时间上午9时7分，加加林怀着镇定而愉快的心情，笑着说："呶，走吧！"旋即启动了火箭的发动机。火箭尾部喷出熊熊烈焰，推动着宇宙飞船腾空而起，载着人类的第一位使者，向遥远的宇宙空间奔去。

外太空看地球

宇航之路是艰辛的。宇宙飞船起飞，宇航员就接受了飞往太空道路中的第一个考验——超重。随着火箭的速度不断加快，人体在地球引力的作用下，重量一下子增加了近10倍，人在这种情况下会感到头昏眼花，血液流向下肢，严重时还会发生意识丧失的现象。这时候，加加林身上具有抗荷作用的宇航服起了重要作用，它紧紧地箍在身体上，能使血液均匀地流向全身，把超重现象减小到较低限度。尽管在急速上升过程中产生了一些不舒服的感觉，但没有影响加加林的健康和工作。他在宇宙飞船顺利通过稠密的大气层以后，透过飞船的舷窗，看到了人类的摇篮——地球。这时他情不自禁地叫道："多美呀！"

飞船达到预定的高度以后，运载火箭脱离，飞船进入环绕地球的轨道飞行。这时又发生了另外一种情况。由于飞船的速度而产生的脱离地球的力量和地球的引力刚好平衡，飞船里的一切物体都失去了重量。这就是"失重"。这时，宇航员只要稍一用力，就可以使身体在座舱里飘浮。手举起以后，要用力才能放下。写字的时候，时刻都要用手牢牢地按住本子，以防止它突然飘走……

失重状态很有趣。和超重状态不同的是，它是人类在地面无法长期模拟的。人乘坐飞机沿抛物线从高空落下时，只能产生短短几分钟的失重状态。因此在加加林上天以前，失重状态几乎是宇航研究中的一个空白点。尽管科学家在科学的基础上进行了合理推测，但这些推测必须由实践证明。

"我在失重状态中表现良好。"加加林在飞过非洲大陆上空时说。他津津有味地喝水、吃饭，这些都是在地面多次练习过的。他的呼吸也很轻松。他还总结说，在失重状态中，人的机体正常，工作能力没有丝毫的减低，连签字的笔迹都和在地面上一模一样（后来宇航员在经过太空中的长期飞行后证明，人在失重环境中长期生活，身体会产生"失重生理效应"，如身高增加、肌肉萎缩等等。由于加加林在太空

地 球

中的飞行时间较短，这些现象没有显示出来）。

加加林是人类历史上第一个从太空中俯瞰地球的人。千百年以来，人类不知道自己居住的这个星球的形状，后来经过一代代人的探索，人类证实了地球是圆形的。然而这只是理论，谁也没有亲眼看到过。现在加加林在距地球表面 300 多千米的高空清楚地看到，地平线是呈圆弧状的。他幽默地说："地球仪是可以信赖的。"

对于加加林来说，欣赏地球既是一种乐趣，也是一种奇妙的发现。碰到没有云层遮盖的地方，陡峻的山脉、弯曲的河流、葱郁的森林、蔚蓝色的海洋以及一座座繁华的城市，依次在他眼前闪过，当然，从太空中看时，这些都变得很渺小了。当飞临苏联集体农庄田野的上空时，他的心情格外振奋，

仿佛回忆起自己的童年时代。他还看到了围绕地球的蔚蓝色光环，看到了比在地球上看明亮几十倍的太阳，看到了闪闪发光的星星，它们像宝石一样镶嵌在宇宙的天幕上。

宇宙飞船在环绕地球的轨道上飞行了一圈以后，开始向地面降落。这时加加林再一次面临超重的威胁，飞船也经受了进入大气层时摩擦产生的高温的考验。在离地面 7 千米时，加加林被弹出飞船座舱，用降落伞在预定地点缓缓着陆。尤里·加加林在太空中遨游 108 分钟以后，安全地返回了地球。在苏联首都莫斯科，成千上万群众热烈隆重地欢迎他的归来。尤里·加加林因摘取了世界第一名航天员的桂冠而名扬天下，他因此荣获"苏联英雄"称号，并获列宁勋章。人们为了纪念他，将月球背面的一座环形山以"加加林"命名，国际航空联合会设立了"加加林"金质奖章……

加加林是第一个迈出地球这个人类"摇篮"的人。随着这历史性的伟大突破，全人类仿佛距离外太空更近了。这次成功的载人宇宙飞行，在人类向宇宙进军的道路上竖立起一座里程碑，宣告了一个新时代的来临。

知识点

宇宙射线

宇宙射线指的是来自于宇宙中的一种具有相当大能量的带电粒子流。1912 年，德国科学家韦克多·汉斯带着电离室在乘气球升空测定空气电离度的实验中，发现电离室内的电流随海拔升高而变大，经过研究认定电流是来自地球以外的一种穿透性极强的射线所产生的，称之为宇宙射线。

火箭制造技术的诞生和发展

几百万年以前，自丛林中走出来的人类的始祖——类人猿，挪动着双腿，开始了地面上的行走和生活，经历了漫长的时间，才适应了自然环境，战胜了各种恶劣生存条件。人类经过缓慢的发展和进化，终于成为地球世界的主宰者，足迹遍布了全球各地，平原、大漠、高山、江海……

地球是人类的摇篮。但是有智慧的人类是从不满足的。当地球上的各个角落基本上被他们征服以后，他们又想飞到地球以外去，到辽阔的宇宙空间去开辟新的天地。

浩瀚的宇宙星空

"人类不会永远停留在地球上，而是要探索宇宙空间。他们起初会小心翼翼地越出大气层的范围，然后大胆地征服太阳附近的全部空间。"

这话是宇宙航行的先驱者、前苏联著名宇航科学家齐奥尔科夫斯基说的，并被铭刻在了他的墓碑上。

齐奥尔科夫斯基是一位聋人，他完全依靠自学，成为一位受人尊敬的学者。他认为，要想摆脱地球的巨大引力，离开地球，就必须有巨大的速度，而这个速度是当时人类已有的任何飞行器都达不到的。而且，不论是飞艇和飞机，都根本不可能在大气层以外飞行。因此必须制造一种崭新的飞行器，这就是火箭。19世纪末期，他在一篇论文中，论述了火箭行进的原理，论证了使用液体燃料、能在没有大气的环境里工作的发动机，设计了宇宙飞船的结构。但是，这篇具有开创性意义的论文并没有得到沙皇政府的重视，直到"十月革命"胜利以后，他的奠基性贡献才获得了公认。

1926年，世界上第一枚由液体燃料推动的火箭在美国的马萨诸塞州发射

火箭之父——冯·布劳恩

成功。这是美国发明家哥达德研制的。可惜的是，这枚火箭没有多少实用价值。二十世纪三四十年代，著名的火箭专家冯·布劳恩在德国政府的支持下，成功地把火箭技术应用到军事上，制成大名鼎鼎的 V-2 导弹。第二次世界大战后，德国的火箭研制专家和设备分别被转移到了美国和苏联，促进了美苏两国火箭制造技术的发展。人类向太空进军的时代正式拉开了序幕。

火箭是以热气流高速向后喷出，利用产生的反作用力向前运动的喷气推进装置。它自身携带燃烧剂与氧化剂，不依赖空气中的氧助燃，既可在大气中，又可在外层空间飞行。火箭在飞行过程中随着火箭推进剂的消耗，其质量不断减小，是变质量飞行体。现代火箭可用作快速远距离运送工具，如作为探空、发射人造卫星、载人飞船、空间站的运载工具，以及其他飞行器的助推器等。如用于投送作战用的战斗部（弹头），便构成火箭武器。其中可以制导的称为导弹，无制导的称为火箭弹。

火箭是目前能使物体达到宇宙速度，克服或摆脱地球引力，进入宇宙空间的重要运载工具。

火箭可按不同方法分类。按能源不同，分为化学火箭、核火箭、电火箭以及光子火箭等。化学火箭又分为液体推进剂火箭、固体推进剂火箭和固液混合推进剂火箭。按用途不同分为卫星运载火箭、布雷火箭、气象火箭、防雹火箭以及各类军用火箭等。按有无控制分为有控火箭和无控火箭。按级数分为单级火箭和多级火箭。按射程分为近程火箭、中程火箭和远程火箭等。火箭的分类方法虽然很多，但其组成部分及工作原理是基本相同的。

固态火箭跟液态火箭便是现今比较常用的火箭。此外，还有混合火箭——就是用固体的燃料而用液体的氧化剂。另外，值得一提的是，现今运载火箭大多包含了液态火箭和固态火箭，也就是说，一个火箭可能第一节是固态的，而第二节却是液态的。

火箭用于运载航天器叫航天运载火箭，用于运载军用炸弹叫火箭武器（无控制）或导弹（有控制）。航天运载火箭一般由动力系统、控制系统和结构系统组成，有的还加遥测、安全自毁和其他附加系统。

火箭的基本组成部分有推进系统、箭体和有效载荷。有控火箭还装有制导系统。

航空火箭发射的瞬间

数十年来，火箭发展最为迅速。火箭技术得到了迅速发展和广泛应用，其中尤以各类可控火箭武器（导弹）和空间运载火箭发展最快。从军事上来说，从火箭弹到反坦克导弹、反飞机导弹和反舰导弹以及攻击地面固定目标的各类战术导弹和战略导弹，均已发展到相当完善的程度，已成为现代军队不可缺少的武器装备。各类火箭武器正在继续向提高命中精度、抗干扰能力、突防能力和生存能力的方向发展。此外，反导弹、反卫星等火箭武器也正在研制和发展中。在民用探索方面，在地地弹道导弹基础上发展起来的运载火箭，已广泛用于发射卫星、载人飞船和其他航天器等。

▶▶▶ 知识点

V－2火箭

V－2火箭是第二次世界大战时德国的弹道导弹，因此也叫V－2导弹。它是第一种超声速火箭，为现代航天运载火箭和远程导弹的先驱。V－2火箭全长 13.5 米，发射全重 13000 千克，能把 1000 千克重的弹头送到 322 千米以外的距离。火箭由液体火箭发动机推动，燃烧为液氧和甲醇。

发展最快的航天器——人造卫星

　　卫星，是指在宇宙中所有围绕行星轨道运行的天体。环绕哪一颗行星运转，就把它叫做哪一颗行星的卫星。比如，月亮环绕着地球旋转，它就是地球的卫星。

　　"人造卫星"就是我们人类"人工制造的卫星"。科学家用火箭把它发射到预定的轨道，使它环绕着地球或其他行星运转，以便进行探测或科学研究。围绕哪一颗行星运转的人造卫星，我们就叫它哪一颗行星的人造卫星，比如最常用于观测、通讯等方面的人造地球卫星。

人造卫星

　　地球对周围的物体有引力的作用，因而抛出的物体要落回地面。但是，抛出的初速度越大，物体就会飞得越远。牛顿在思考万有引力定律时就曾设想过，从高山上用不同的水平速度抛出物体，速度一次比一次大，落地点也就一次比一次离山脚远。如果没有空气阻力，当速度足够大时，物体就永远不会落到地面上来，它将围绕地球旋转，成为一颗绕地球运动的人造地球卫星，简称人造卫星。

　　人造卫星是发射数量最多、用途最广、发展最快的航天器。

　　人造地球卫星在数百千米以上的高空运行。那里空气非常稀薄，空气对卫星的阻力是很微小的，因此不必过多去考虑空气阻力对卫星运行的影响。

由于卫星的用途广、种类多，卫星上所用的仪器设备又是各式各样，从而也就决定了卫星形状的多种多样、五花八门。目前，世界各国发射的卫星的外形是各式各样的，有球形的、圆锥形的，圆柱形的、球形多面体的和多面柱体的，也有张开几块大平板或伸出几根很长的细杆的，总之是五花八门，各具一格。

在卫星技术的发展初期，运载火箭的运载能力较小，要求卫星的结构重量尽可能轻些，以减轻运载火箭的负担，所以卫星的外形大都做成球形的。因为与其他外形相比，在同样的容积下，球形卫星外壳的表面积最小，重量最轻，而且对运载火箭主动段飞行时的冲击、加速和振动载荷的受力最强。

为了充分利用末级运载火箭头部整流罩的空间，卫星也有做成与整流罩外形相似的圆锥形，甚至有直接用整流罩做外壳的卫星。

卫星的运载火箭与卫星相比，运载火箭的技术复杂程度要比卫星高得多，投资费用大得多，研制周期也长得多，同时运载火箭往往是利用已研制和发射成功的弹道导弹改装而成的。在设计卫星之前，运载火箭已基本就绪，不便多改，因此，当卫星的外形尺寸同运载火箭发生矛盾时，一般应压缩卫星的外形尺寸来适应运载火箭。

当卫星上的电源是利用太阳能电池时，往往在卫星的外表面贴上一种厚度不到1毫米、长2厘米、宽1厘米或2厘米见方的半导体单晶薄片，组成太阳能电池。太阳光照射到太阳能电池上，就直接把太阳能变成电能，形成所谓全向式太阳能电池阵，以便不管太阳光来自何方都能发出电来。此时卫星的外形以球形成轴对称的为好。但由于球形外表面弯曲，不好贴太阳能电池，所以大多数卫星是球形多面体或多面圆柱体外形。

有的卫星外表面不适宜贴太阳能电池或表面积不够贴太阳能电池时，就在卫星本体之外，装上几块活动的翼板，专门贴上太阳能电池，这样的翼板叫太阳能电池翼板。因此就出现张开几块平板的卫星外形。

上述的全向式太阳能电池阵的利用率，显然是比较低的。为了充分发挥太阳能电池的作用，提高效率，可以进一步采取措施。利用太阳能电池翼板单独对太阳定向，而不管卫星处于什么姿态，太阳能电池翼板有电池的一面总是向着太阳，以构成所谓定向式太阳能电池阵。

当卫星的姿态控制方法是自旋稳定时，也就是说，卫星绕本体的某一轴旋转，从而获得对空间定向时，总是把卫星做成直径大于高度的圆柱形、鼓形或扁球形的卫星。

对于要返回地面的卫星，当它返回时，以很高的速度进入大气层，由于空气动力的作用，在其上可产生很大的空气阻力。因此在设计卫星的可返回部分时，选择合适的空气动力外形，使它在大气层运动时产生比较大的空气阻力，以便急剧地减速。因此往往把这一部分的外形做成钝锥形或球头锥身的组合体。

太空"信使"——通信卫星

当你坐在电视机前兴致勃勃地观看国外的精彩球赛实况转播时，你知道吗，这是通信卫星在为您服务。当您看到卫星转播的电视图像比当地播送的电视节目清晰度毫不逊色时，你也许还会情不自禁地赞扬通信卫星的本领！

通信卫星能把电视、电话、电报、传真和数据等信息准确清晰地送到大洋彼岸，这种高超的本领是怎么来的呢？其实，这主要是通信转发器的功劳。

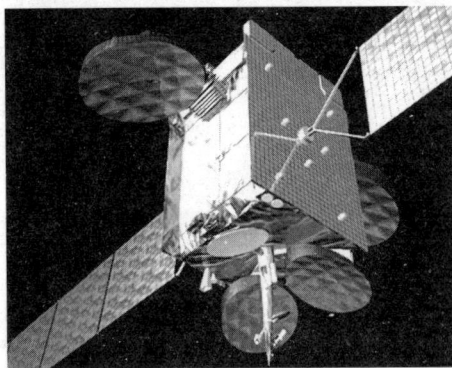

欧洲发射的通信卫星

通信卫星的通信转发器与通信天线一起构成了通信卫星的核心——通信系统。当然，通信系统的工作也离不开其主要的构成系统，如结构、电源、温度控制、姿态控制、轨道控制和无线电测控等系统的支持和配合。

1962年，通信转发器在"电星"1号卫星中初露头角。通信转发器刚一登上卫星通信的舞台，就成功地实现了美国和英、法之间横跨大西洋电视、电话和电报的传送。从此以后，卫星通信面貌一新，由被动转为主动。

从地球站发给通信卫星的信号，叫做上行信号，一般使用 6000 兆赫的频率。由通信卫星发给地球站的信号叫做下行信号。为了避免上行信号和下行信号纠缠一起，发生干扰，下行信号必须采用另一种频率发送，一般用 4000 兆赫。将上行信号的频率变为下行信号的频率的过程叫变频。这是通信转发器承担的第一个任务。

通信转发器的第二个任务是放大。上行信号经过近 4 万多千米的奔波，到达通信转发器时，已经非常微弱了，但通信转发器有特殊的功能，能给它补充能量，使它恢复原来的频率，然后再向地面发送出去。通信转发器的这一工作，大大降低了对地面发射上行信号功率的要求，也减少了接收设备的复杂性。

人们常用能同时通多少路电话，来衡量通信卫星的通信能力。如 1965 年"国际通信卫星"1 号只能通 240 路电话，到了 1980 年，"国际通信卫星"6 号已经能通 1.2 万路电话和传送二套彩色电视节目了。卫星的通信能力是由转发器的频带宽度所决定的，频带越宽，能同时通话的路数越多。如果通信转发器多，通信能力也就更大。

从构造上说，通信转发器实际上是一部宽频带收发信机。接收机部分类似于普通收音机，可是通信转发器接收的电波频率要比收音机接收的高得多。接收机有的做成超外差式的，即利用本振产生中频，在中频处实现变频，叫做中频变换转发器；有的做成高放式的，即直接在接收频率（6000

接收卫星信号的雷达卫星接收器

兆赫）上变频，叫做微波变换转发器。通信转发器发射机部分差不多全是一样的，都由功率混频器和功率放大器组成。当通信转发器发射功率达到几百瓦时，通信转发器转发的电视节目就可以直接送往千家万户的普通家用电视机了。这也就是家用普通电视机就可以直接接收通信卫星播送的电视节目的原因。

通过卫星传输万里之遥的球赛实况，首先卫星从地面某电视台接收信号，通过卫星上的转发器，把信号变频、放大，转播给地面许多电视台，再由电视台把信号重新调制播出，电视台附近的观众就能收到遥远地区的实况传播了。

美国在 1974 年 5 月发射了 ATS－6 通信卫星，它第一个使用了大型抛物面天线，第一次提供了直接电视广播和双向视频通信。

太空的"指路灯"——导航卫星

1959 年，美国开始发射名叫"子午仪"的导航卫星，它就像耸立在茫茫海洋中的灯塔——船舶的指路明灯。可惜第一颗导航卫星没有发射成功。1960 年美国把两颗试验型导航卫星送上太空。1963 年 12 月，第一颗实用子午仪导航卫星真正高挂太空。1964 年 6 月，子午仪导航卫星系统开始为携带 10 余枚潜地导弹的"北极星"导弹核潜艇精确地定位，为潜地导弹准确地命中目标服务。1967 年，这个导航卫星系统组成网络并允许为民用船只使用，为航行在一望无际的大洋中的船舶指明方向。

"子午仪"导航卫星系统虽然不十分完善，但初步满足了军事用户的要求：它挂在太空，繁忙地为美国的核潜艇和水面舰艇指示方向，为西欧、南美洲等国的各种远洋船舶导航及海上定位，也为海上石油勘探定位以及陆地测绘，特别是山区和森林地区测绘服务。

苏联在 1973 年 5 月首次宣布发射成功的"宇宙"1000 号卫星，是一颗新导航卫星，为全球导航服务。从 1970 年以后，苏联不断地发射导航卫星，并建立了类似"子午仪"的导航卫星系统，为苏联潜艇、船只及车辆等导航服务。

全球定位系统（GPS）是20世纪70年代由美国陆海空三军联合研制的新一代空间卫星导航定位系统。其主要目的是为陆、海、空三大领域提供实时、全天候和全球性的导航服务，并用于情报收集、核爆监测和应急通讯等一些军事目的，是美国独霸全球战略的重要组成部分。美国全球定位系统（GPS）和苏联全球导航卫星系统（GLONASS）是以卫星星座作为空间部分的全球全天候导航定位系统。GPS采用18颗工作星和3颗备份星组成GPS空间星座。GLONASS采用24颗工作星和3颗备份星组成GLONASS空间星座。

经过20余年的研究实验，耗资300亿美元，到1994年3月，全球覆盖率高达98%的24颗GPS卫星星座已布设完成。

由于GPS技术所具有的全天候、高精度和自动测量的特点，作为先进的测量手段和新的生产力，它已经融入了国民经济建设、国防建设和社会发展的各个应用领域。

随着冷战结束和全球经济的蓬勃发展，美国政府宣布2000～2006年间，在保证美国国家安全不受威胁的前提下，取消SA政策，GPS民用信号精度在全球范围内得到改善，利用C/A码进行单点定位的精度由100米提高到20米，这将进一步推动GPS技术的应用，提高生产力、作业效率、科学水平以及人们的生活质量，刺激GPS市场的增长。据有关专家预测，在美国，单单是汽车GPS导航系统，2010年后的市场将达到30亿美元，而在我国，汽车导航的市场也将达到50亿元人民币。可见，GPS技术市场的应用前景非常可观。

北斗卫星定位系统是由中国建立的区域导航定位系统。该系统由4颗（两颗工作卫星、两颗备用卫星）北斗定位卫星（"北斗"一号）、地面控制中心为主的地面部分、北斗用户终端三部分组成。4颗导航定位卫星的发射时间分别为：2000年10月31日；2000年12月21日；2003年5月25日；2007年4月14日，第三、四颗是备用卫星。2008年汶川抗震救灾、北京奥运会期间，它在交通、场馆安全的定位监控方面，和已有的GPS卫星定位系统一起，

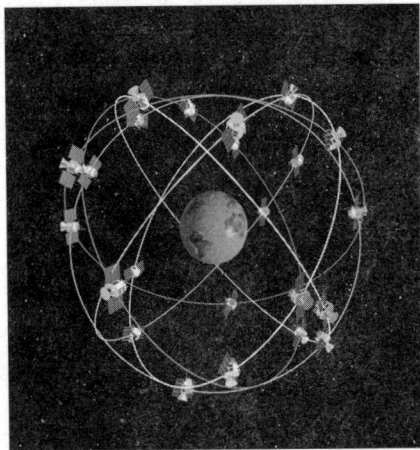

美国 GPS 导航卫星系统

发挥了"双保险"作用。北斗导航定位系统服务区域为中国及周边国，系统可广泛应用于船舶运输、公路交通、铁路运输、海上作业、渔业生产、水文测报、森林防火、环境监测等众多行业，以及军队、公安、海关等其他有特殊指挥调度要求的单位。

当今，世界 4 大卫星导航系统，已在陆、海、空、天 4 大领域中大显身手，为人们的生活、娱乐和军事行动等提供了方便和支持。

高悬在太空的气象站——气象卫星

从 1960 年 4 月 1 日世界上第一颗气象卫星"泰罗斯"1 号进入太空至今，世界各国已发射了数百颗气象卫星，并相应地建立了数以千计的气象卫星地面接收站。这些遍布在五大洲、三大洋，星罗棋布的接收站，昼夜不息地监视着卫星的行踪，接收从太空卫星发来的丰富多彩的云图和其他各种气象资料。

气象卫星实质上是一个高悬在太空的自动化高级气象站，是空间、遥感、计算机、通信和控制等高技术相结合的产物。气象卫星遨游太空，鸟瞰大地，从太空对地球观测，真是神通广大。主要特点是：

1. 探测范围大，观测时间长。气象卫星可以对大气范围以至全球大气进行昼夜观测、拍照。一颗静止气象卫星，覆盖范围可达全球面积的 1/4，可以获得地球上近 1 亿平方千米的气象资料；绕地球南半极运行的太空同步轨道气象卫星，每隔 12 小时左右就能对全球大气进行一次观测，一条轨道在地面的扫描条带宽达 2800 千米左右。如果在赤道上空布置 4 ~ 5 颗地球静止气象卫星，再加上两颗太阳同步轨道气象卫星，就可以使观测范围遍及全球。

2. 及时迅速。气象卫星观测资料可以实时快速地传输给地面各接收站，也能把云图、天气图等气象信息快速地转发给地面各用户，同时还能把分散在各地的气象站所测得的温度、压力等气象资料集中起来，再转发给地面用户。

3. 具有连续性、完整性和系统性。气象卫星视场广阔，观测次数多，静止卫星能在 20 分钟甚至几分钟提供一张云图，这样，就可以使人们直观地了解大气变化的全貌，观测大气形成、发展、变化的全过程，这具有常规手段所不能比拟的优越性，对灾害性天气预报更有重要的作用。太阳同步卫星在经过地面台站上空 10 多分钟内，可获得 1000 多万平方千米的资料。

4. 不受自然条件和国界的限制，也不受时间和空间的限制，填补了海洋、沙漠、高原等人烟稀少地区的空白。

气象卫星主要观测内容包括：

（1）卫星云图的拍摄。

（2）云顶温度、云顶状况、云量和云内凝结物相位的观测。

（3）陆地表面状况的观测，如冰雪和风沙，以及海洋表面状况的观测，如海洋表面温度、海水和洋流等。

（4）大气中水汽总量、湿度分布、降水区和降水量的分布。

（5）大气中臭氧的含量及其分布。

（6）太阳的入射辐射、地气体系对太阳辐射的总反射率以及地气体系向太空的红外辐射。

（7）空间环境状况的监测，如太阳发射的质子、α 粒子和电子的通量密度。这些观测内容有助于我们监测天气系统的移动和演变；为研究气候变迁提供了大量的基础资料；为空间飞行提供了大量的环境监测结果。

利用气象卫星进行天气预报，特别是对灾害性天气的预报，可以减少人民生命财产的巨大损失，如美国使用了先进的气象卫星以后，每年可从 120 亿美元的自然灾害损失中挽回几十亿美元，准确的天气预报使印度每年能受益 10 亿~15 亿美元。

从气象卫星上获取的云图和气象资料，对工农业生产、航空、航海、捕鱼、军事保障及日常天气预报是卓有成效的，而且促进了气象科学、海洋及大气科学的研究和发展，可以实现对全球气象的连续观测和预报。卫星云图的问世，使气象预报员早在台风刚刚形成、远在千里之外时，就能看清它的外貌特征，确定它的中心位置和强度，并追踪它的移动路径和方向。

可全天候对地球进行连续气象监视

□ 获取地球空间环境白天可见光云图、昼夜红外云图和水汽分布图
□ 收集和转发气象、海洋、水文等观测数据
□ 监测太阳X射线和空间粒子辐射数据等

重约1390千克

"风云"二号卫星介绍

中国从20世纪70年代起，地面气象台站每天接收美国太阳同步气象卫星和日本地球静止气象卫星发回的云图资料。通过这些资料，部分地填补了青藏高原和西太平洋地区观测资料上的空白区，增加了灾害性天气监视能力，促进了短期天气预报准确率的提高，加深了对影响东亚和南太平洋热带天气系统的认识。

"风云"二号卫星是我国第一代静止气象卫星，2000年发射的"风云"二号B星为研究试验卫星，2004年发射的"风云"二号C星为业务应用卫星。相对01批卫星，"风云"二号02批卫星扫描辐射计由三通道增加到五通道，探测仪器和卫星的性能指标都有了明显改进。目前在轨运行的"风云"二号C星工作状态十分稳定。

"风云"二号气象卫星地面应用系统是气象部门在国内有关单位的大力支持下，共同建设完成的拥有自主知识产权的大型遥感卫星地面应用系统。系统包括指令和数据接收站、系统运行控制中心、资料处理中心、应用服务、计算机网络及存储和中小规模利用站6个部分。"风云"二号卫星应用系统承担了卫星业务测控、图像观测、数据接收、资料处理、转发、存档和服务以及DCP资料收集和空间环境监测数据接收处理等多方面任务。整个系统建设的技术难度大，工作环节多，运行可靠性和实时性要求高。经过"十五"期间的努力，"风云"二号卫星应用系统技术状态已经达到了国外同类卫星应用系统的先进水平。

·····➡ **知识点**

卫星云图

卫星云图是由气象卫星自上而下观测到的地球上的云层覆盖和地表特征的图像。利用卫星云图可以识别不同的天气系统，确定它们的位置，估计其强度和发展趋势，为天气分析和天气预报提供依据。在海洋、沙漠、高原等缺少气象观测台站的地区，卫星云图所提供的资料，弥补了常规探测资料的不足，对提高预报准确率起了重要作用。根据卫星上仪器装置的不同，卫星云图可以分成两类：一类是由卫星上电视照相机所拍摄的云图，即电视云图；另一类是由辐射仪对地球大气进行扫描探测得到的云图。

太空"勘测员"——地球资源卫星

1969年，"阿波罗"9号飞船第一次将一台四光谱段的照相机带到太空，获得了关于地球资源的大量情报资料。经美国地质调查所等单位对这些资料照片的分析研究，认为从太空对地球资源进行观测研究，在科学技术以及对地球资源的管理和应用上都有很大的价值。

1972年7月23日，美国发射了世界上第一颗地球资源卫星，后改名为"陆地卫星"1号。从此，人们开始应用陆地"勘测员"携带的遥感仪器来普查地球资源。1975年1月22日又发射了第二颗卫星。这样，两颗地球资源卫星在太空运行，不断地收集着世界各地的自然资源信息。

1978年6月，美国发射了第一颗海洋资源卫星——"海洋卫星"1号，可惜工作105天后，由于卫星故障而失灵。它采用高度约800千米的近极地圆轨道，轨道倾角为108度，周期为101分钟。海洋卫星可在各种天气条件下观测海水特征、海水漂移、水陆界面、海水波浪，寻找鱼群，测绘航路。一台雷达高度计，用来测量海浪、海涌的高度及海面的粗糙度；一台微波散射计，用以测量海面风的方向和速度；一台微波辐射计，用以测定海面温度、

中国"遥感卫星"六号发射的瞬间

海水分布及海面风；一台可见光和红外扫描辐射计，用以拍摄海洋照片，帮助人们识别海流、暴风雨、海冰、岛屿等。

占全球总面积71%的海洋是一个尚待开发的巨大宝库。利用海洋资源卫星观测海洋，可以提供整个海洋状况，包括海洋深度、海洋温度、海洋流、冰山、潮汐、海啸、海洋生物、海洋污染、风、雨和雾等海洋资源，还可以用于观测河口、港湾的冲积物及其沉积过程。海洋资源卫星还可帮助人们勘测海洋冰情、海洋流以及作流冰警报，为舰船标绘安全而经济的航线。

地球资源卫星发射以后，证明它在勘查、监视和管理地球资源方面是一个很有效的工具，在地质构造、探矿、地震、森林清查、土地利用、城市规划、农作物产量监视、海洋研究以及环境污染监测方面发挥了较大的作用。

中国已发射了20颗遥感卫星，它们为国土普查、地面环境、地质矿产资源等提供了精细准确的照片。

2009年4月22日，中国在太原卫星发射中心用"长征二号丙"运载火箭成功地将"中国遥感卫星"六号送入太空。这次发射的"中国遥感卫星"六号是由中国航天科技集团公司所属上海航天技术研究院研制生产。卫星主要用于国土资源勘查、环境监测与保护、城市规划、农作物估产、防灾减灾和空间科学试验等领域，将对中国国民经济发展发挥积极作用。

可重复使用的航天器——航天飞机的诞生和发展

1957年美国制订了载纳—索尔载人亚轨道飞行计划，这项计划拟用大力神火箭把一种载人的滑翔机送入近地轨道，以研究利用空气动力滑翔和再入大气层时的机动飞行能力。但是，这项计划在研制过程中，遇到了再入稠密大气层时飞机头部和机翼前缘产生的高温问题。由于在当时还没有能力解决所需要的新型结构和防热材料，加上研制经费昂贵，以及许多关键技术尚未突破而使这项计划半途而废。

进入 20 世纪 60 年代后，美国相继成功地完成了水星、双子星座、"阿波罗"和"天空实验室"等载人空间飞行计划。通过这一系列载人轨道飞行的探索和试验，不仅证实了人在加速度、失重、高真空、辐射等恶劣的空间环境中能够生存，而且还能有效地工作，显示了人在宇宙空间同样具有任何自动化的设备所不能代替

般天飞机

的能动作用。与此同时，还发展并掌握了诸如轨道交会、对接、宇航员舱外活动等一系列载人轨道飞行的基本技术，也验证了空间工业生产、生物医学等研究的广阔前景。这就为发展大型的载人空间运输系统创造了条件、提供了雄厚的技术基础。这时期，欧洲各国的许多科研人员也在考虑搞航天飞机，英国、法国、意大利和联邦德国的许多公司还进行了系统的研究，并得到欧洲空间组织的支持，甚至欧洲希望能与美国合作研制航天飞机。

美国研制航天飞机的想法早在 20 世纪 60 年代就被提出来了。当时"阿波罗"登月航天器正处于全面研制尚未飞行阶段。科学家们就想，如能使用一种可重复使用的发射系统，人类就不但能随时进入空间，而且在经济上也是合算的。从 1964 年 2 月开始，由美国国家航空与航天局（NASA）组织专家进行航天飞机总体论证。经过几年精心计算，认为开发这种航天飞机技术在经济技术上是可行的。1967 年 2 月，美国总统科学顾问委员会支持了这一论证。

"我想预先告诉诸位，航天活动的下一次冲刺，是要研制一种经济的能在地球和空间往返飞行的运载器。"这是美国航空航天局负责载人航天的前助理局长乔治·米勒 1968 年 8 月在英国行星际协会会议上的一段讲话。从这次讲话算起的 12 年后，米勒当年描绘的那种神奇的航天器终于离开了肯尼迪航天中心的飞行器装配大楼，然后巍然地竖立在 39A 发射台上。

1967 年 5 月，欧洲各国在美国的加利福尼亚州举行了廉价空间运输系统的学术会议，英、法和联邦德国等国的科技人员发表了航空空间运输工具的研究报告。还应当指出，20 世纪 60～70 年代欧美各国研制的超音速运输机，也为航天飞机的研制提供了有价值的经验。

后来几经修改，航天飞机才变成了人们现在见到的样子。

到了 20 世纪 60 年代末期，人类已经研制了多种洲际导弹、各种类型的运载火箭和大型喷气客机及运输机，已经全面地掌握了火箭、载人飞船和现代航空技术。这就进一步完善了空间运输系统的预先研究工作，为航天飞机的研制积累了经验、储备了技术。同时，耗资巨大的"阿波罗"月球探险计划行将结束，从而得以把人力、物力和财力转移和集中到新型空间运输系统的研制工作方面上来，这就导致了 1962 年 2 月"阿波罗"后续计划的拟订。1972 年 1 月 5 日，美国总统尼克松批准了当时预计耗资 55 亿美元的航天飞机研制计划。

航天飞机是运载火箭、宇宙飞船和飞机巧妙结合的产物。它由外挂燃料箱、固体火箭助推器和轨道飞行器 3 大部分组成。

外挂燃料箱形状像一枚巨大的子弹，直径 8.4 米，高 47 米，内部分上下两层，可同时装 100 吨液氧和 600 吨液氢，满载时总重 740 吨。当它为轨道飞行器上的 3 台主发动机提供完燃料后，便坠入大气层烧毁。它是航天飞机系统中唯一不可以回收的部分。

位于外挂燃料箱两侧的两枚固体火箭助推器好似两枝削尖的铅笔。它的直径为 3.7 米，高是 45.5 米，每枚可装 50 万千克固体推进剂，能为航天飞机提供 80% 的起飞推力。推进剂用完后，助推器的壳体与航天飞机分离，依靠三具大型降落伞降落在大西洋里，回收后重新装填燃料以备再次使用。助推器可重复使用 20 次左右。

最复杂的部分就是航天飞机的轨道器了。这种犹如一支大白蛾的飞行器堪称航天技术的杰作。它的机身全长 37 米，翼展 24 米，高 17 米，自重 6.8 万千克，可以重复使用 100 次。

整个轨道器分为 3 部分。机头内是分上下两层的驾驶舱和生活舱，可供 3～7 名宇航员连续工作和生活 7～30 天，机身中段是一个长 18.3 米，直径 4.6 米的货舱，它可以把近 3 万千克的卫星和科学仪器送上地球轨道，或者把 1.5 万千克重的载荷带回地球。机身尾部

人类成功登上月球

是 3 台可以重复使用 50 次以上的主发动机。为了防止再入大气层时的气动力加热破坏机身结构，轨道器铝合金的蒙皮上贴有 30000 多块防热瓦。这些防热瓦是特制的，厚 1～5 英寸，面积 15～20 平方厘米。用来粘接防热瓦的黏合剂也是用特殊原料制成的，一旦粘上去就很难把它们再揭下来。可是话虽这么说，在"哥伦比亚"号的首次飞行中，仍有十几块防热瓦掉了下来，幸好不是关键部位。粘上防热瓦的轨道器就如同穿上了一件坚固的铠甲，即使返回大气层时气动力加热达到 14000℃也能安然无恙。

1970 年 3 月，在"阿波罗"登月成功后，尼克松总统发表声明，他倾向于建立一项长远的空间计划，明确指出要把航天飞机与空间站的计划作为长远的发展目标，在航天飞机研制出来之前不要建立空间站，也不用像"阿波罗"那样用更多的钱来从事空间发展计划。这样，就为美国的航天技术发展定下了基调，把原来只想作为支撑庞大空间计划的运输工具的航天飞机，变成了 NASA 近期的重点发展项目了。

美国发展航天飞机的总体方案，经过了多次变动，又经过反复论证比较，最后才确定为今天人们所见到的这个样子。最初是建立在"能飞回"的设计指导思想基础之上的，整个航天飞机分为两级，每一级都载人，都能像飞机那样水平着陆。第一级要有很大的火箭推动力，且有机翼，把第二级（即进入太空的轨道器）背在背上，一起穿过大气层后，由第二级靠自己的动力继续飞向太空执行任务，然后各自返回地面。

这种两级结构，完全可以重复使用的设计方案反映了设计研制要遵循的"定期地、经济地进入空间"的最佳设想。但是，这种方案要把第一级的推力搞得很大，第二级的外形也很大，所需的研制费就不"经济"了，估计需要投资 100 亿～130 亿美元，因此被放弃了。

第二次的设计方案是取消航天飞机内部的推进剂贮箱，把推进剂装在一个简单的、一次性使用的外贮箱内。这种方案的优点在于轨道飞行器（航天飞机机体）外形小，价格便宜，性能也不会受到多大影响。

第三种设计方案就是用"土星－5"型大推力火箭作第一级发射动力，或使用其他可回收的燃体燃料火箭和一次性使用的固体火箭等等。这些方案被认为可靠性差、把握不大也被放弃了。

经过反复比较，最后决定发展一个由三部分组成的航天器系统——即轨道器（航天飞机机体）、一次性使用的外贮箱和两个可回收的固体火箭推进器。这样，就保留了"可回收性"，使 3 大部件中的两个可以回收，又可大大减少把有效载荷送入轨道的费用，就是说这是当时认为最佳的效费比方案。据 NASA 专家们于 1972 年初估算，研制和试验 5 个轨道器的航天飞机系统要花费约 62 亿美元，只是第一次设计方案的一半。这个方案于 1972 年 3 月经国会批准最后确定下来。

1972 年 8 月，美国 NASA 分别与制造商签订了研制合同，并将整个计划的管理工作分派给 3 个航天中心，即约翰逊航天中心、马歇尔航天中心和肯尼迪航天中心。

在整个 20 世纪 70 年代，NASA 经历了经费困难的时期，因此把原计划的 5 架航天飞机减少到 4 架，并使首次试验型航天飞机的试飞推迟了两年多。

随后，就正式设置了航天飞机发展办公室，1974 年开始研制"企业"号验证机。1974 年 6 月，洛克韦尔公司航天分公司在加利福尼亚棕榈谷空军的 42 号车间里开始总装第一架全尺寸轨道器。1976 年 9 月 17 日，即航天飞机被正式批准研制的 4 年零 9 个月后，在管乐队吹奏的电视片《星际航行》的主题乐曲声中，第一架轨道器迎着阳光，缓缓地驶出厂房，展现在人们面前。

第一架轨道器命名为"创业"号。这个命名还引起过一场小小的争论。起初，宇航局打算沿用历来命名航天器的传统，起个能表达爱国热情的名字，于是建议将这架轨道器取名为"建设"号。可是很多人并不满意这个名字，特别是电视片《星际航行》的那些热情观众，他们的 10 万封信像雪片似的寄给美国总统卡特。就这样，第一架轨道器最后被定名为"创业"号。它是《星际航行》中一艘著名宇宙飞船的名字。

轨道器是造出来了，可是它能否在大气层中安全滑翔还是个令人担忧的问题。于是，宇航局的专家们想出了一个绝妙的办法。他们用一架经过改装的"波音 747"大型客机将轨道器背到空中，然后两机分离，由轨道器单独滑翔到地面。

到 1977 年开始对"企业"号航天飞机验证机进行了一系列没有装轨道飞行所需的发动机的试飞，特别检查了航天飞机所必需的精确无动力着陆时的性能，最后，试飞员和科学家们一致认为航天飞机的设计是成功的，可以进行实用型的试飞。

在 1977～1980 年期间，美国一面进行"企业"号试飞，一面对首架实用型"哥伦比亚"号航天飞机的外贮箱和固体火箭助推器、主发动机及机载设备进行了全面的、系统的各种试验。

在经过多次双机不分离的背负式试验取得成功之后，1977 年 8 月 12 日早晨，"波音 747"背着"创业"号又一次升到了 7300 米的高空。随着 3 根支撑装配杆中爆炸螺栓的引爆，"创业"号与"波音 747"分离，开始进行第一次单独飞行。经过 5 分钟自由飞行，"创业"号平稳地降落在爱德华兹空军基地的跑道上。"创业"号的这次飞行有力地证明，轨道器完全能够像普通飞机那样在空中滑翔，至此，剩下的问题就是航天飞机的首次太空飞行了。

到 1981 年初，航天飞机达到了可以进行轨道飞行试验的阶段。整个试飞计划是经过精心安排的，原计划要试飞 6 次，后削减为 4 次。从发射起飞场地的选择——肯尼迪航天中心，到飞行结束的着陆点——爱德华兹空军基地，还包括 1000 多项试验和数据收集程序等，都是很科学、稳妥而合理的，为整个试飞成功奠定了基础。终于，在 1981 年 4 月 12 日，耐人寻味的是，正巧是 20 年前，苏联航天员加加林第一次上天的那一天，美国东部时间上午 7 时 03 秒，在聚集于卡纳维拉尔角百万观众的欢呼声中，"哥伦比亚"号航天飞机呼啸着飞向太空。在以后 54 小时 20 分钟的时间里，"哥伦比亚"号环绕地球 36 圈。4 月 14 日，"哥伦比亚"号安全地再入大气层，平稳地降落在加利福尼亚爱德华兹空军基地的跑道上。

从此，世界上第一种可重复使用的航天器诞生了！

从那以后，"挑战者"号、"发现"号、"阿特兰蒂斯"号也相继陆续出厂，加入了世界最大的航天机队。在 1986 年 1 月 28 日"挑战者"号不幸发生爆炸后，美国又研制了一架改进型的"奋进"号航天飞机，于 1992 年 5 月 7 日首航成功，使美国航天机队仍保持着 4 架的规模。

到 1991 年 4 月，美国国家航空航天局在设计、制造、使用航天飞机方面共计耗资 424 亿美元，占该局 1972 ~ 1990 年 1225 亿美元预算总额的 34%。尽管耗资如此巨大，但由于航天飞机的发射，从技术、经济和军事、社会等多方面的效益来看，所得到的利益是大大超过这个数字的，它的效费比是非常高的，这正是航天飞机将会长盛不衰继续发展下去的原因所在。

截止 1992 年 7 月 9 日"哥伦比亚"号安全返回着陆，美国宇航局先

航天飞机

后已进行了 48 次载人太空飞行。在这期间，航天飞机做了大量科学试验、抢救航天器、施放和捕捉人造卫星、地星际宇宙飞船和各种探测器等许多奇异而不可取代的特殊任务。

从这 48 次的重大航天活动记录中，可以看到美国航天飞机发展各个阶段的一般轨迹：

1964 年 2 月——NASA 组织科学家和工程师们开展总体论证和发射一重返装置的关键技术研究；

1970 年 2 月——NASA 组建航天飞机办公室；

1974 年 6 月——洛克韦尔国际公司开始研制实验型"企业"号；

1976 年 9 月——"企业"号航天飞机制造完毕；

1977 年 8 月——用波音 747 飞机改装的"NASA—905"号载机在 2.2 万米高空把"企业"号投射出去，使其自行返航水平着陆成功；

"挑战者"号升空前

1981 年 4 月——"哥伦比亚"号进行首次轨道试飞成功，标志着航天飞机时代的开始；

1982 年 11 月——"哥伦比亚"号首次执行卫星发射使命；

1983 年 4 月——在航天飞机上首次生产的太空产品显微乳胶球问世；

1984 年 4 月——宇航员乘坐"挑战者"号航天飞机首次在太空对一颗卫星进行捕获修理和重新发射定位；

1984 年 10 月——女宇航员乘"挑战者"号航天飞机实现了美国第一位女性在太空中单独行走；

1985 年 6 月——再次用航天飞机（"发现"号）发射了 3 颗通信卫星，施放回收了"斯巴坦 – 1"号天文探测器；

1985 年 11 月——宇航员乘"阿特兰蒂斯"号航天飞机在发射 3 颗卫星之后，首次在太空进行结构安装，组装了一个高 45 英尺的发射塔；

1986 年 1 月——"挑战者"号升空 73 秒后爆炸，美国航天飞机活动暂停；

1986 年 6 月——调查事故的总统委员会提出 9 条改进措施；

1988 年 9 月——"发现"号重新发射升空，航天飞机继续飞行；

1989 年 5 月——由航天飞机在太空施放"麦哲伦"号金星探测器；

1990 年 4 月——由"发现"号施放"哈勃"号太空望远镜；

1990 年 10 月——由"发现"号施放"尤里西斯"号太阳极区探测器；

1991 年 6 月——由"哥伦比亚"号再次载欧空局"空间实验室"在太空进行生命科学实验；

1992 年 5 月——最新型"奋进"号航天飞机首航飞行成功，并在太空中回收、修理、施放国际通信卫星组织的一颗重要卫星；

1992 年 7 月——"哥伦比亚"号创造了连续航行 14 天的最高飞行记录，验证了航天飞机至少可运行两个星期的能力，从而为建造"自由"号航天站奠定了基础。

上述事例，仅是航天飞机重大活动的一部分，但从中也可看到航天飞机的神奇功能了。

从截止 1990 年底 4 架航天飞机完成的 38 次往返天地之间的载人航天任务中看，除了进行在失重和真空环境中的数百项各种科学实验外，还运载和施放了 46 颗卫星，其中大部分是同步轨道通信卫星，有 6 颗失败；进行了"星球大战"（SDI）的有关试验；向深空发射成功"麦哲伦"号金星探测器、"伽利略"号木星探测器、"尤里西斯"号太阳探测器、"哈勃"望远镜和巨型天文观测器等。这些航天器的发射、修理和重新施放，都大大扩展了人类的视野，并获得巨大的社会、经济效益。

航天飞机已经做到的和能够做到的各种军事应用活动，完全证明航天飞机是一种不折不扣的从事战略、战术用途的军用机，绝不仅仅是民用和平项目，它所具有的更加完善的机动能力，必将使太空军事争夺更加复杂激烈。由于有了航天飞机，制天权的争夺，已经提上军事航天大国的战略议程。

近地轨道

近地轨道又称低地轨道，是指航天器距离地面高度较低的轨道。近地轨道没有公认的严格定义。一般高度在 2000 千米以下的近圆形轨道都可以称之为近地轨道。由于近地轨道卫星离地面较近，绝大多数对地观测卫星、测地卫星、空间站以及一些新的通信卫星都在近地轨道飞行。

空间实验室的作用和产生过程

迄今为止，无人卫星和载人实验性空间站，如"天空实验室"和"礼炮"号，都是不能返回地面而重复使用的重型有效载荷。每次发射入轨，经过一段载人飞行实验之后，连同所装载的贵重仪器设备一起被丢弃，或坠入稠密大气层时烧毁，或长久地留在运行轨道上。无疑，它同一次使用的运载火箭一样，也是个巨大的浪费。

为配合可重复使用的空间运输系统——航天飞机，由欧洲空间局负责研制了一种载人的、可重复使用的空间实验装置，叫做空间实验室。空间实验室由航天飞机带到空间，在轨道上运行 7 ~ 30 天的时间，以进行多种空间科学、应用技术和工艺的专门研究。任务完成后，随同航天飞机返回地球，经检修和调整后可重复使用。航天飞机正式使用后所携带的全部有效载荷中，空间实验室将占 40% ~ 56%。

既然空间实验室是美国航天飞机运输系统的一个组成部分，那么为什么要由欧洲空间局负责研制呢？空间实验室的研制背景又如何呢？欧洲在美国和苏联载人飞船发射成功之后，不甘落后，也一直在筹划发展自己的载人空间技术，特别是美国的"天空实验室"和苏联的"礼炮"号空间站进入轨道后所展现的发展前景，进一步加强了欧洲研制载人空间技术的决心。与此同时，美国鉴于空间技术需要集中巨大的人力、物力和财力，也竭力想争取欧

美国研制的空间实验室

洲的合作，从而能够充分地利用欧洲的研制力量。这样就促成了航天飞机与空间实验室计划的实现。这项计划的制订过程主要产生于3项国际协定。

早在20世纪60年代，欧洲和美国就曾企图在空间技术领域进行合作，但是由于各种技术和政治上的困难始终未能如愿。1969年美国在考虑"阿波罗计划"之后空间技术的前景问题，当时的美宇航局长托马斯·佩因于1969年11月访问了欧洲，打算邀请欧洲参加称为"阿波罗"后续计划的新空间计划。1970～1972年间，继这次邀请之后，欧洲和美国的政界举行过多次会谈。与此同时，欧洲空间局和美宇航局进行了协调，并对欧洲参加阿波罗后续计划的可行性进行了一系列研究。当美国航天飞机研制工作有了明确的轮廓之后，计划在航天飞机货舱内设置一个供科学研究用的实验室，这个设想逐步演变成空间实验室的研制方案。1972年美国政府批准航天飞机研制计划之后，同年12月，欧洲各国在欧洲空间会议上，原则上同意与美国签署了一项协定。据此，1973年3月欧洲空间局的9个成员国共同签署了关于执行空间实验室计划的协定。计划包括投资的具体细节。欧洲9国宣布共同为该计划投资。这9个国家是：联邦德国、比利时、丹麦、法国、英国、意大利、荷兰、瑞士和西班牙。后来，奥地利也参加了空间实验室计划，这样就有10个国家了。这是欧美间的第一个协定。

1973年8月，欧洲9国政府与美国政府签订了关于航天飞机系统中空间实验室的研制、投资和使用协定。协定中规定，宇航局为美国的主管机关，欧洲空间局为欧洲的主管机关。这是第二个协定。

同年8月14日，欧洲空间局与宇航局签署了协定备忘录，这是第三个协定。这是一项关于计划的具体细节的协定，其中明确规定了双方的分工：欧洲空间局负责具体设计、制造、总装和测试，并向宇航局交付一个空间实验室的工程模型、一个有备件的飞行模型以及地面辅助设备。另外欧洲空间局还将提供工程技术保证，并研制新的空间实验室。原计划于1980年12月随航天飞机进行试飞，现决定延至1983年间进行首次试飞，以验证空间实验室的设计性能。空间实验室的研制应符合宇航局的各项要求，特别是可靠性的要求。宇航局负责空间实验室交付后的工作。其中，马歇尔航天中心负责空间实验室的计划管理以及科学和应用飞行、综合实验、人员训练以及操作和维修工作。约翰逊航天中心主管飞行控制。肯尼迪航天中心负责空间实验室和航天飞机的总装及其发射。宇航局还专门设立了空间实验室计划办公室，并向欧洲空间局派驻了代表。欧洲空间局同样设立了空间实验室计划办公室，并有一个派驻华盛顿的机构。

　　任何一项大型系统工程计划的执行往往需要几年甚至十几年的漫长历程。空间实验室也是一项大型系统工程。因此，在与美国正式签署空间实验室研制协定之前，欧洲有关的工业财团于1972年就开展了预先研究，以节省研制时间。预研工作首先明确了空间实验室计划的条件、要求和效果，并确定了第一个空间实验室的方案。进而，提出了计划的实施方案，确定各个构件和部件以及系统的相互关系。1974年欧洲空间局通过了方案论证并确定联邦德国北部研究集团为主承包商。随后空间实验室方进入了研制阶段。1975年美国宇航局、欧洲空间局和欧洲10国各转包公司的250名专家集中在不来梅召开了工作会议，重新审查了分系统的方案。1975年10月，全部系统进入部件研制阶段。1976年进行了系统的初期设计审查，逐项审查了设计图及其说明，

审查中特别注意各分系统的安装是否协调、合理。1977年又进行了一次中期设计审核。1978年通过已制成的设计模型作了最后设计审定，并拟于1979年向宇航局交付空间实验室的飞行模型。

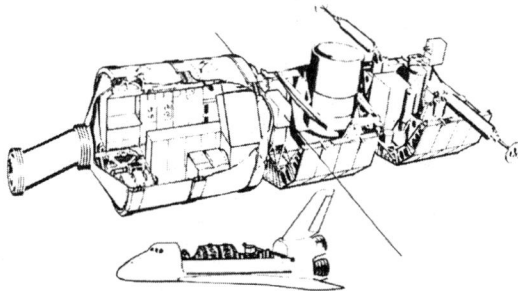

欧洲空间实验室设计草案

空间实验室计划的总经费约 11 亿德国马克，当时合 4 亿多美元，由欧洲空间局的各成员国提供。为空间实验室计划投资的 10 个国家，至少提供 1 家公司，承担转包工作。转包合同的分配必须符合欧洲空间局各成员国的财约。据此，空间实验室各分系统的研制分配给了各国的公司。

航天飞机与"和平"号空间站交合对接

1995 年 2 月 3 日、6 月 29 日和 11 月 15 日，当今世界上两个最大的载人航天器——美国航天飞机（重 100 吨）和俄罗斯的"和平"号空间站（重 123 吨）分别实现了空间交会和两次对接，两次对接形成的重 203 吨的载人航天复合体分别联合飞行了 5 天和 3 天。这标志着近年来美俄间广泛开展的空间合作进入了一个新阶段，由此揭开了国际空间站建造工程的序幕。

1993 年 9 月 2 日，美国副总统戈尔和俄罗斯政府总理切尔诺梅尔金在华盛顿签署了一项航天合作协议，主要内容是双方同意在各自现有的空间站计划的基础上，联合建造一个包括欧洲航天局、日本和加拿大的航天部在内的"阿尔法"国际空间站。联合建造空间站的计划将分三个阶段实施。

第一阶段为美俄扩大联合载人航天活动期，从 1994 年开始至 1997 年结束。该阶段的主要工作是利用俄罗斯现有的"和平"号空间站，为"阿尔法"空间站的组装完成最后的技术准备工作。

第二阶段从 1997 年 11 月开始，首先发射一个俄罗斯的多功能货舱作为国际空间站的基础。然后发射美国的实验舱、俄罗斯的服务舱以及两艘"联盟"号载人飞船，形成一个有人照料的过渡性空间站。

第三阶段从 1998 年开始到 2004 年结束。这期间要将美国的居住舱、欧洲航天局的"哥伦布"舱和日本实验舱以及加拿大的遥控机械臂装置送上轨道，从而完成国际空间站的组装。

1994 年 6 月 23 日，美俄双方在华盛顿就联合建造空间站的第一阶段工作，签署了一项为期 4 年、价值 4 亿美元的航天合作协议。其中包括在 1995～1997

年间进行的 7 次美国航天飞机与"和平"号空间站的对接联合飞行，前后有 5 名美国航天员乘坐航天飞机进入"和平"号空间站工作和生活，他们在"和平"号上的累计工作时间为两年。

在此后的第二、第三阶段，航天飞机仍将作为建造"阿尔法"国际空间站的主要运输工具与以俄罗斯的多功能货舱为核心的空间复体交会和对接 21～22 次。由美国牵头，有欧洲航天局、日本、加拿大和俄罗斯参加的这个联合空间站计划从设计至建成需约 20 年的时间（1984～2004 年），总费用为 600 亿美元，重约 400 吨的空间站建成后将运行 10 年。在空间站投入运行后，航天飞机仍将作为"阿尔法"空间站的主要往返运输工具之一，为空间站轮换宇航员，运送给养、设备、部件和燃料等，还将把硬件和空间站试验样品等运回地面。

在 1997 年正式建造"阿尔法"空间站以前，航天飞机要和目前在轨的"和平"号空间站对接 7 次，其主要目的是：

1. 为拟于 1997 年 11 月开始的"阿尔法"国际空间站的轨道组装工作，进行人员、设备和技术等多方面的前期准备。

2. 为国际空间站的建造和研究活动获取工程和运行经验。

3. 为美国更多地掌握与微

"和平号"空间站

重力和生命科学有关的环境特性。

4. 使美国更好地了解和掌握俄罗斯过去和未来载人航天研究方面的成果。

5. 为医学支援、生命科学、微重力科学、地球观测和生保系统进行更详尽的研究。

俄罗斯参加这项计划后，由于美国可利用俄罗斯现有的长期载人航天方面的技术和经验，使空间站的建造工作可提前 1 年多，并可节省 20 亿美元的费用。俄罗斯则可通过合作，使其严重老化的"和平"号空间站重新恢复生机，摆脱其严重缺乏经费的困境，并继续维持俄罗斯航天技术和航天工业的发展。

为了实现航天飞机与"和平"号空间站的对接，航天飞机上加装了对接系统。该对接系统包括气锁装置（起密封作用）、支承构架、对接底座和对接机构等。这种对接机构称为"异体同构周边对接结构"，已多次用作空间对接机构，如1975年美国的"阿波罗"号飞船和苏联的"联盟"号飞船的对接机构，目前用的是它的改进型。整个对接系统重1588千克，宽4.6米，高4.1米，长2米。该对接系统由俄罗斯能源科学与生产联合体和美国洛克韦尔国际公司联合研制，费用1亿美元。

国际空间站的建成和运营

人类经过多少世纪的期待，经过多少世纪的努力，当然也经历了多少次失败，终于，伴随着苏联宇航员加加林飞出地球大气层进入外层空间的瞬间，人类实现了飞入太空的梦想。

飞机上天也并不标志着航天事业的完成，而只是一个起步的基础。所谓载人航天，顾名思义，就是人类通过航天器进入太空，在太空进行生活、工作和生产以及研究活动，并且返回地球。载人航天器可分为载人飞船、空间站、航天飞机和在研制的空天飞机。

国际空间站"曙光"号舱飞上太空

目前各航天大国进行国际合作的目标集中在建成和运营国际空间站上。国际空间站规模很大，长108米，重423吨。1998年开始建造，原来计划2006年全部安装完毕，预计分 44 次通过运载器将各部件送入轨道组装完成。"哥伦比亚"号失事使人们对航天飞机的使用更为慎重，国际空间站的建设进度也因此推迟。计划建成的国际空间站内部空间巨大，相当于两个宽体客机的容积。国际空间站预计投资超过 600 亿美元，每年运行费用需 13 亿美元，另外每年还要进行 5 次后勤供给。

尽管如此，国际空间站的建成，不失为人类航天事业的一个重大成就。这个巨大规模的国际空间站建成以后，它在夜空里是除月亮、金星之外用肉眼能够看到的第三个最亮的天体。

研制中的多功能航天器——空天飞机

空天飞机是航空航天飞机的简称。顾名思义，它集飞机、运载器、航天器等多重功能于一身，既能在大气层内作高超音速飞行，又能进入轨道运行，将是 21 世纪控制空间、争夺制天权的关键武器装备之一。根据设想，与航天飞机相比，空天飞机多了一个在大气层中航行的功能，而且它起飞时也不使用火箭助推器。

空天飞机的奥妙之处在于它的动力装置。这种动力装置既不同于飞机发动机，也不同于火箭发动机，这是一种混合配置的动力装置。它由空气喷气发动机和火箭喷气发动机两大部分组成，空气喷气发动机在前，火箭喷气发动机在后，串联成一体，为空天飞机提供动力。空天飞机可以在一般的大型飞机场上起落。起飞时空气喷气发动机先工作，这样可以充分利用大气中的

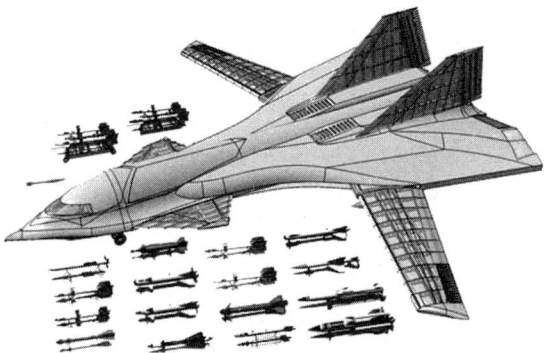

中国"雨辰"号空天飞机（研制中）

氧，节省大量的氧化剂。飞到高空后，空气喷气发动机熄火，火箭喷气发动机开始工作，燃烧自身携带的燃烧剂和氧化剂。降落时，两个发动机的工作顺序同起飞时相反。

当前，美国、俄罗斯、英国、法国、德国、日本、印度等国家都在积极发展高超音速推进等相关技术，积极为研制空天飞机作各项技术储备。美国航空航天局正在研制的"超级X"系列极超音速飞行器就属于空天飞机范畴。

未来的空间作战飞行器可依靠自身的动力系统进入轨道或由航天飞机送入轨道，能执行多种任务，如作为动能与定向能武器平台或侦察监视平台，部署、修理或破坏、回收军用小卫星等。其轨道机动能力很强，在轨道上可停留数周、数月甚至是一年，并可随时应召返回地面，具有很强的战术应用能力。

从"神舟"一号到"神舟"七号

"神舟"号飞船是由中国独立研制的载人飞船，经过多年充分的研究论证，中国的科学家对于载人航天的目标及其途径形成了明确意见。中国载人航天工程于1992年立项，经过7年的艰苦努力，初步建立了载人航天科学、技术与工程体系，突破了主要关键技术，载人航天准备工作进展顺利。由于"神舟"号飞船设计起点高，系统复杂，在正式载人飞行前，需要多次无人飞行实验来验证其设计可靠性，以确保飞行安全可靠。下面把"神舟"系列飞船的情况做简单介绍：

1."神舟"一号

"神舟"一号飞船是中华人民共和国载人航天计划中发射的第一艘无人实验飞船，飞船于1999年11月20日凌晨6点在酒泉航天发射场发射升空，承担发射任务的是在"长征2F"捆绑式火箭的基础上改进研制的"长征2F"载人航天火箭。在发射点火10分钟后，船箭分离，并准确进入预定轨道。

作为中国航天史上的又一里程碑，"神舟"一号试验飞船的成功发射与回收，标志着中国载人航天技术获得了新的重大突破。中国载人航天工程从

1992 年开始实施。飞行试验获得圆满成功，使中国在发展载人航天事业上迈出了重要一步。

2."神舟"二号

发射时间：2001 年 1 月 10 日 1 时 0 分 3 秒。

发射火箭：新型"长征 2F"捆绑式火箭，此次发射是"长征"系列运载火箭第 65 次飞行，也是继 1996 年 10 月以来中国航天发射连续第 23 次获得成功。此次航天飞船发射，是中国载人航天工程的第二次飞行试验，标志着中国载人航天事业取得了新的进展，向实现载人航天飞行迈出了可喜的一步。

3."神舟"三号

"神舟"四号

发射时间：2002 年 3 月 25 日 22 时 15 分。

发射火箭：新型"长征 2F"捆绑式火箭，这次发射是"长征"系列运载火箭第 66 次飞行，自 1996 年 10 月以来，中国运载火箭发射已经连续 24 次获得成功。

这次发射，逃逸救生系统也进行了工作。这个系统是在应急情况下确保航天员安全的主要措施。飞船拟人载荷提供的生理信号和代谢指标正常，验证了与载人航天直接相关的座舱内环境控制和生命保障系统。

4."神舟"四号

发射时间：2002 年 12 月 30 日 0 时 40 分。

发射火箭：新型"长征 2F"捆绑式火箭，此次是"长征"系列运载火箭的第 69 次飞行，也是自 1996 年 10 月以来，中国航天发射连续第 27 次获得成功。

5."神舟"五号

发射时间：2003 年 10 月 15 日 9 时整。

发射火箭：新型"长征2F"捆绑式火箭，此次是"长征"系列运载火箭第71次飞行，也是继1996年10月以来，中国航天发射连续第29次获得成功。首次增加了故障自动检测系统和逃逸系统。其中设定了几百种故障模式，一旦发生危险立即自动报警。即使在飞船升空一段时间之后，也能通过逃逸火箭而脱离险境。

6. "神舟"六号

发射时间：2005年10月12日9时0分0秒。

发射火箭：新型"长征2F"捆绑式火箭

"神舟"六号飞船有以下特点：首先是起点很高，飞船具有承载3名航天员的能力；其次是一船多用，航天员返回后，轨道仓可以在无人值守的状态下，作为卫星继续利用半年，甚至可以在今后进行交会对接实验；第三是返回舱的直径大，俄罗斯的直径是2.2米，中国的是2.5米；最后是飞船返回，非常安全，这方面已经进行过全面的测试。总体来看，"神舟"六号飞船的技术进步是巨大的。

7. "神舟"七号

"神舟"七号载人飞船是中国神舟号飞船系列之一，用"长征2F"火箭发射升空，是中国第三个载人航天飞船。

发射时间：北京时间2008年9月25日21时10分04秒。

发射火箭："长征2F"火箭

"神州"七号飞船，实现了中国历史上宇航员第一次的太空漫步，令中国成为第三个有能力把航天员送上太空并进行太空行走的国家。

从1999年"神舟"一号无人飞船首访太空到2008年乘坐"神舟"七号携手问天，9年的历程镌刻下了中国人7次完美的脚步，是中国航天事业的7次新突破。从发射、返回、测控、环境控制……各个关键技术环节难关一一被攻克，见证的是中国航天人前进中发展、探索中追求的不懈脚步。

中国航天正向着登陆月球等更远大的目标奋进……

意义非凡的太空试验
YIYI FEIFAN DE TAIKONG SHIYAN

为了更好地了解宇宙，了解人类与宇宙的关系，科学家利用宇宙飞船、天空实验室、人造卫星等航天器材进行了一系列具有针对性的太空试验，这些太空试验包括太空生物试验、宇宙辐射电磁波检测试验、太阳能发电试验等等。太空环境与地球环境有着很大的不同，因此，太空试验与在地球上的试验也存在着显著的区别，做好这些太空试验有着莫大的意义，它对人类进一步开展探索宇宙活动有着指导性意义，在一定程度上，也为人类下一步探索活动指明了道路。

太空生物试验

动物不仅是人类进入太空的先驱，而且半个世纪以来一直是用它们的"鲜血和生命"为人类的航天事业作出贡献。在航天飞机几十次飞行中，科学家们总不忘带猴子、老鼠及昆虫等动物上太空。因此，可以说在整个航空事业的发展过程中，都少不了动物的飞行实验。

这是因为太空环境极其恶劣，人在太空中会受到失重、加速度、宇宙辐射、噪声和振动等因素的影响。人类是不愿意轻易拿自己的生命去冒险的，因此，在征服太空的道路上，就用动物作先导，为人类探路。

蜜蜂是对人类有益的昆虫类群之一，通常指的是生产用蜂种，可以划分为西方蜜蜂和中华蜜蜂。它们为农作物、果树、蔬菜、牧草、油茶作物和中药植物传粉后，产量可增加几倍至20倍。

每当鲜花盛开，花香四溢的时节，我们总能看到蜜蜂忙碌的身影，蜜蜂日复一日飞翔在万花丛中，以它那勤劳的天性为人采集、加工高营养价值的美味佳品——蜂蜜。在地面翩翩飞舞的蜜蜂在太空如何生活呢？18岁的美国男孩纳尔逊好奇地提出疑问。纳尔逊毕业于明尼苏达州某公立学校，现在航天飞机学员规划部工作。

纳尔逊在中学念书时，就对航天事业有浓厚的兴趣，因此他设计了小昆虫遨游太空的科学实验，以观察具有不同体重和翅膀的昆虫在失重时的飞行特性，研究体重对昆虫飞行的稳定性和方向性的影响。其中蜜蜂就是这批小昆虫之一。纳尔逊的科学实验安排在航天飞机第3次飞行中。1982年3月22日，航天飞机起飞时，航天员把事先准备好的12只蜜蜂带上太空，让这些蜜蜂在太空遨游。人们从电视里清楚地看到，翅膀较小的蜜蜂，在失重环境中，似乎在滚来滚去。航天飞机8天的飞行中，也许这几只蜜蜂太孤独了，11只先后可怜地夭折，剩下的唯一一只，也在着陆时死去，这样的结果，实在让人觉得很可惜。

事隔一年多之后，航天飞机第11次飞行时，安排了学生波斯基维奇设计的科学实验。波斯基维奇设计了蜜蜂在太空筑巢的实验项目，以研究蜜蜂的生活规律，弄清蜜蜂在太空的某些奥秘，譬如，在失重的太空中能否与地面同样地筑巢，在失重状态下筑巢会出现什么奇异的现象等。

航天飞机"挑战者"号起飞前，人们把装有3300只蜜蜂的塑料蜂箱放置在航天飞机的舱里。航天飞机飞行中，航天员仔细地观察蜜蜂不断地进出放置食物的地区，它们忙个不停寻找食物，并在塑料蜂箱中开始筑新巢。一次，两名航天员抬着蜂箱，用手拍打并摇晃这个装有3000多只蜜蜂的塑料蜂箱，让地面的人们通过电视观看蜜蜂在太空觅食、筑巢的情景。

在"挑战者"号航天飞机7天的飞行中，这窝蜜蜂在失重状态下为筑新巢如同在地面那样忙个不停，不久它们在太空又筑起了与原先那样的大蜂窝。一名航天员风趣地说："我想它们（蜜蜂）和我们一样喜欢失重状态。"

今天，还有许多的太空医学和生物学问题需要通过动物实验来解决。如航天病，折磨着许多航天员，使他们胃部不适、恶心和呕吐，特别是在飞行的关键时刻，降低了他们的工作能力，使他们不能按计划完成飞行任务；长期持续性的骨骼脱钙，使航天员面临着骨质疏松病的威胁；宇宙辐射的生物效应，可使航天员更快地衰老，出现贫血，还可能导致癌症。

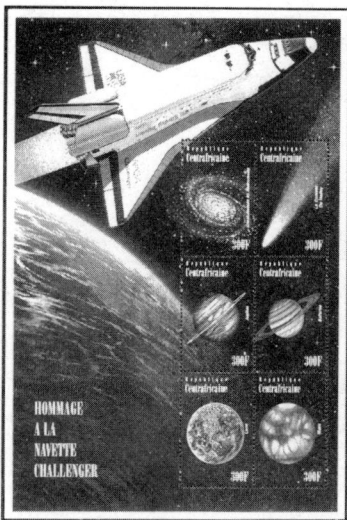

美国"挑战者"号探索
太空设想图

为了解决医学问题，使航天员在太空中更健康地生活和工作，人类只得大量使用各种生物作被试对象，特别是猴子、狗和老鼠，它们安放在生物卫星、航天飞机、载人飞船等航天器上，为人类征服太空作出了贡献。

知识点

生物卫星的组成

生物卫星是进行空间生命科学研究、为载人航天飞行做准备的科学卫星，也是一种返回式卫星。在生物卫星上进行的生物学实验主要有重力生理学实验、放射生物学实验和发育生物学实验等。生物卫星一般由服务舱和返回舱两部分组成。服务舱内装有卫星的姿态控制系统、电源系统和其他保证卫星正常工作的设备。返回舱内装有实验生物样品、记录仪器。

宇宙辐射电磁波检测试验

人造卫星上天后，人们建造了太空天文台——天文卫星，它打开了一座座通往天宫的大门，冲破了一个个揭示宇宙秘密的屏障。

也许你知道这段历史：17 世纪初，科学家伽利略制成了第一架天文望远镜。它开辟了人类观察太空的新纪元，为天文学的发展铺平了道路。

寂静的太空中充满着各种天体，它们不仅能辐射出可见光和无线电波，而且还可辐射出包括红外线、紫外线、X 射线、γ 射线在内的整个电磁波。人们研究天体的电磁辐射及其变化，就能进一步探索宇宙的奥秘，发现新的天体。遗憾的是地球大气对于 X 射线和 γ 射线并不透明，它们遭到大气阻拦，紫外线也被臭氧层所吸收，无线电波则受电离层的影响，所以，要在地球上研究天体的这些辐射是十分困难的。

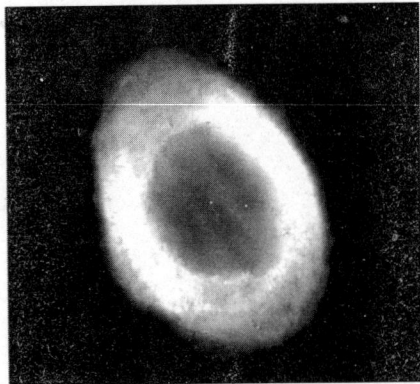

空间星体异变探索

1957 年人造卫星上天后，人们利用空间物理测量技术，从卫星轨道上对宇宙天体发射的这些电磁辐射进行了测量，于是，红外线天文学、紫外线天文学、X 射线天文学、γ 射线天文学相继诞生，而使天文学进入一个全波天文的崭新时代。如今，人造卫星已成为天文观测的重要工具，窥测宇宙的"眼睛"，而以外层空间（太空）观察为标志的空间天文学，则是射电天文学之后的又一新秀。它的问世，使古老的天文学获得了新的生命，是天文学发展史上的又一个里程碑。

第一颗天文卫星是美国于 1960 年发射的"太阳辐射监测卫星"。

一颗又一颗天文卫星上天，就等于在地球轨道上建起了一座座太空天文台，它们具有地面无法比拟的优越性，从而可以直接测量到天体的各种辐射和宇宙能粒子。特别是核物理探测技术应用于天文学之后，空间天文学如虎添翼，太空天文观测已经在 X 射线和 γ 射线等波段取得了一系列的重大进展。

X 射线探测，为人类展示出一幅与光学天文学截然不同的宇宙图像。自 1962 年首次发现来自天蝎摩声向的强 X 射源以来，非太阳 X 射线天文学，很快进入了全盛时期。

空间 γ 射线的探测，稍为困难。太阳 γ 射线的首次观测，是在 1972 年 8 月的一次特大耀斑爆发事件中，"轨道太阳天文台" 7 号卫星记录了 γ 射线谱，从而使太阳 γ 射线天文学迈出可喜的第一步。1973 年，美国核侦察卫星 "维拉"，意外地记录到一次强脉冲 γ 射线，后来查明，这是一次来自太阳系之外的宇宙 γ 射线大爆发，人们称它为空间 γ 爆。这是 20 世纪 70 年代空间天文学的又一重大发现，曾轰动整个天体物理学界。

在中国的空间天文研究中，我们也获得了多个宇宙 γ 爆完整的光变曲线、能谱和时间结构，发现有超软 X 射线、硬 X 射线到 γ 射线宽能谱覆盖的事例。

卫星作为一种有效的天文观察工具，不但使宇宙射线天文学得到蓬勃的发展，而且又为光学天文学和射电天文学的发展开辟了新的途径。

▶▶知识点

太阳 γ 射线爆发

太阳出现耀斑时经常伴随产生的持续时间仅数十秒钟、能量超过 10 电子伏甚至 10 电子伏的高能光子发射，这种高能光子发射就是 γ 射线爆发。这种爆发现象是在 1958 年最先发现的。更高能量的 γ 射线爆发则是在 1972 年 8 月 4 日太阳发生大耀斑时发生的。

"天空实验室" 的多元使命

1973 年 5 月 14 日，美国濒临大西洋的肯尼迪航天中心的发射场上，一枚高达 110 米的巨型火箭 "土星" 5 号，喷射出橘红色的火焰，发出轰隆呣哮的巨响，直冲蓝天。这是美国把当时最大最重的航天器——"天空实验室"，送进环绕地球的轨道。

"天空实验室"是美国 20 世纪 70 年代执行的一项太空技术研究的重点计划，全部费用约 26 亿美元。它是一个多舱组合体，由轨道舱、太阳望远镜、过渡舱、多用途对接舱和"阿波罗"号飞船 5 部分组成，全长 36 米，直径 6.7 米，重 82 吨，工作容积为 316 立方米，相当于 5 个 20 平方米的房间大。

人们为什么要把这样一个庞然大物送到太空去呢？

我们从"天空实验室"项目及其所装备的 58 种仪器、设备中不难看出，它的主要任务是对地球进行探测，当然，也包括对地面进行军事侦察活动。它的使命包括勘察地球资源，研究太阳活动过程和电磁辐射现象，进行新技术、新材料的试验，研究长期失重对人体健康的影响，探明人对宇宙环境与航天因素的适应能力等。它用 6 种遥感仪器对地球进行了观测，共拍摄 4 万多张地面照片，获取了许多有关地球海洋、土地、森林、矿藏等方面的宝贵资料。这不仅对经济建设大有用处，而且具有相当高的军事价值。另外，航天员还在太空进行了合金冶炼的试验，观测了科霍切克彗星的情况。这是人类首次跨越大气的障碍，从太空亲眼观察彗星的秘密。

但好景不长，由于"天空实验室"上的能源、气源不足，从 1974 年 2 月第 3 批航天员从"天空实验室"离开之后，它就被关闭起来了，在太空中任其运转，遗弃不用了。

1979 年 7 月 11 日（当地时间 7 月 12 日凌晨零点 37 分），大部分碎片纷纷坠落到澳大利亚荒凉的西南部地区，幸好没有伤到人，这场风波才算平息下来。

···▶▶▶ 知识点

卫星勘测地球资源

勘测和研究地球自然资源的人造地球卫星利用所载的多光谱遥感设备获取地球物体目标辐射和反射的多种波段的电磁波信息，将这些信息发送给地面接收站。地面接收站根据事先掌握的各类物质的波谱特性，对这些信息处理和判读，从而得到各类资源的特征、分布和状态等资料。地球资源卫星能迅速、全面、经济地提供有关地球资源的情况，对于资源开发和发展国民经济有重要的作用。

太阳能发电卫星建造试验

能源与工农业生产、人民生活密切相关，然而地球上的能源总会有用完的一天，能源危机日益威胁着地球上人类的生存。于是人们把目光转向了太空，人们必须探索、开发利用各种新能源，其中，太阳能是宇宙中取之不尽、用之不竭的巨大能源。

近年来，许多国家致力于探索和研究太阳能，将大型太阳能收集器设置在太空来收集太阳能，然后再把它传送到地面，转换成电能。这种太空电站就是太阳能发电卫星。

这种想法是 1968 年首先由美国人格拉塞提出来的。可是，太阳能发电卫星是怎样发电的呢？

一般说来，太阳能发电卫星设置在 35860 千米高的地球静止轨道上，它相对地面接收站是静止不动的，这样就能保证时时刻刻向地面供电。整个供电系统由空间部分和地面部分组成。空间部分是卫星，地面部分是微波接收和转换等系统。

一个能向地面提供电量为 500 万千瓦的太阳能发电卫星，它的结构尺寸是大得惊人的。

卫星怎样为地面用户供电呢？其实供电原理并不复杂，简单说来，卫星"站"在太空，依靠巨型的太阳能收集器，收集太阳能，然后通过太阳能电池将太阳能转换成为直流电能，再经过直流微波转换，使直流电能转换成微波能，由卫星微波发射天线从 3 万多千米的高空传输到地面接收站，地面接收站经整流并转换成为电能，输入供电网系统，供电网系统就可以为用户供电了。这样，地面用电户就可以得到所需要的电能。

　　当然，说起来似乎很容易，但做起来可复杂了。由于太阳能发电卫星的结构尺寸和重量都十分巨大，因此，不可能像目前制造常规卫星那样，先在地面上把整个卫星总装完毕后，由运载火箭或航天飞机送入地球轨道，而必须采用太空建造的方法和技术。也就是说，需要先在太空建立空间基地、空间工厂，然后由专门的运载工具把各种材料、设备、物资及人员送到空间基地，再在太空进行建造。

　　为了实现在太空建造太阳能发电卫星的任务，首先要在 500 千米高度的地球轨道上建立一个低轨道空间基地，用来中转物资及人员，并进行各种辅助设备及轨道间运载航天器的生产。再次，在 35860 千米高度的静止轨道上建立一个静止轨道空间基地，在那里完成太阳能发电卫星的建造与总装任务。当然，太空建造卫星过程中，需要各种专门的运载工具来运送物资与人员。

　　太阳能发电卫星的太空建造任务是十分繁重的，但由于采用高度自动化技术，参加太空建造的人员不会太多，建造一个 500 万千瓦的太阳能发电卫星，要 500 多人在太空工作半年左右，其中 130 余人在低轨道空间基地工作，400 人左右在静止轨道空间基地上工作。卫星建成后，自然还需要保留一支太空维护队伍，常年在太空进行维护工作，其中多数人要在固定的空间维护基地工作，一部分人进行流动检修。凡参加太空工作的人员，一般说来每 3 个月轮换一次，时间太长，单调的太空生活，会使工作人员不适应，影响工作情绪。

　　为了完成太阳能发电卫星的太空建造，太空运输任务也十分繁忙。

　　有人提出一种外形类似于航天飞机的运载器，它的结构尺寸及有效载荷比航天飞机大得多。

　　地球低轨道间载人航天器，以航天飞机为基础改进而成，增大了第一级，总长 94 米，第二级为轨道级，可载航天员 75 名。

　　轨道间运载航天器是把各种物资从低轨道空间基地送至静止轨道空间基地上去，有效载荷能力为 4000 吨，可采用高比冲的离子驱动的电火箭提供推力。轨道间载人航天器用于运送人员，它也是两级航天器，总长 56 米，直径

10 米，每次可载人 160 名，以保证太空建造人员的补充和轮换。

太阳能发电卫星前景十分诱人。人们充分相信，在不久的将来，人们将使用由太阳能发电卫星向地面送来的电能。

据介绍，日本已在研制太阳能发电卫星。此卫星将固定在高 3.6 万千米的静止轨道上。卫星产生的电力将通过直径 1 千米的天线，用微波传输的方式向地面发射。日本有关方面表示，虽然目前估计此卫星的发电成本每千瓦时高达 23 日元，大大高于现今火力发电的每千瓦时 10 日元，但随着技术的进步，成本有望进一步降低。另外，微波传电，其电波比手机电波要微弱，对人体没有危害。

美国政府也开展了太阳能发电卫星研制计划。天基太阳能将使用千米级的太阳能电池板阵列在轨道上收集阳光，然后将能量以微波或激光的方式传回地球，地面通过天线进行收集，随后将其转化为电能。未来可能投资 100 亿美元建造一颗 10 兆瓦的实验星。

▶▶ 知识点

地球静止轨道

地球静止轨道属于地球同步轨道的一种。在这条轨道上进行地球环绕运动的卫星或人造卫星始终位于地球表面的同一位置。它的运动周期为 23 小时 56 分 04 秒，与地球自转周期吻合。由于在静止轨道运动的卫星的星下点轨迹是一个点，所以地表上的观察者在任意时辰始终可以在天空的同一个位置观察到卫星，会发现卫星在天空中静止不动。

太阳系的探索之路
TAIYANGJI DE TANSUO ZHILU

太阳系是个以太阳为中心的极其庞大的天体系统，它由太阳和它的8个行星（其中包括地球）、几十颗卫星、2000余颗已经观测到的小行星以及无数的彗星、流星等组成。太阳系是我们"最熟悉"的天体系统，也是人类探测最多的天体系统，多年的探测活动使我们对这个系统有了较为深入的认识，如今，人类的探测活动还在继续着。

畅游月球

登上月球

"嫦娥奔月"是在中国流传了千百年的一个神话故事。据说嫦娥是一位花容月貌、举世无双的美貌女郎。一天，她偷吃了她丈夫后羿从西王母那里讨来的两粒长生不老的仙丹，变得身轻如烟，离地升天。可是，当她飘飘然地飞奔南天门时，残酷无情的玉皇大帝却不准这位早被开除神籍的仙女回到天宫，而是下令把她流放到月球上的广寒宫里。从此，这位酷爱自由的女子只好在寂寞的"广寒宫"里挥袖跳舞，以消除内心的苦闷。数千年来，地球上的人们都希望能为这位惨遭不幸的女人带去人间的欢乐和温暖，但因月球离地球有 38 万千米之遥，所以只好在每年中秋佳节之夜，用"赏月"的方式来抒发人们对她的同情和怀念。在绕地球运行的"广寒宫"——月球上，究竟有没有嫦娥呢？人类对于月球的探索和猜想从来没有停止过。利用航天技术把人送上月球的设想最早开始于 20 世纪 50 年代。1961 年 5 月 25 日，当时的美国总统肯尼迪在国会参众两院联席会议上郑重宣布："我认为，我们国家在 60 年代结束之前，应当承担起把人送上月球并使之安全返回地球的使命。"从那以后，美国倾其国力开始了规模宏大的"阿波罗"载人登月计划。为了揭开月球的奥秘，苏联于 1966 年 3 月 31 日发射了"月球"10 号航天器，它是绕月球运行的第一颗人造月球卫星。

"月球"10 号试图长时间对月球及近月空间进行全面观测。通过照相，了解月球的全貌；利用各种测量仪器，对月球附近的尘埃云、微流星、月面的辐射、月球的磁场和重力场、电离层、"太阳风"粒子及宇宙射线等进行测量和研究。

"月球"10 号卫星重 245 千克，由卫星本体、脱离装置、天文定向系统、主推进器、无线电测量系统等组成。1966 年 4 月 3 日从拜科努尔发射场发射，进入月球轨道，轨道倾角 71.90°，运行周期 2 小时 58 分，近月点 352 千米，远月点 1016 千米。

"月球"10 号获得的大量资料，为人类初步揭开了月球的奥秘，使人们对月球有了初步的了解。

随着航天技术的发展，人类终于实现了遨游太空的愿望。

要把人送上距离地球 38 万千米的月球，做起来绝不是一件轻而易举的事情。当时，美国只有 15 分钟的载人太空飞行记录，它是宇航员谢泼德在 1961 年的 5 月 5 日，也就是肯尼迪发表登月讲话的 20 天前刚刚创造的。所以登月的技术工作是非常艰巨的。

第一要设计、制造供宇航员登月并返回地球的宇宙飞船。飞船由 3 大部分组成，指令舱为圆锥形，高 3.2 米，最大直径 3.9 米，大约重 0.59 万千克，舱内装有姿态控制发动机等各种仪器和设备。服务舱为圆柱形，高 6.7 米，最大直径也是 3.9 米，重约 2.5 万千克。登月舱是像蜘蛛一样的不规则形。整个飞船可供 3 名宇航员飞向月球。

第二是设计制造"阿波罗"飞船的运载火箭。科学家们首先制造了"土星"1 和"土星"1B 两种火箭进行飞行试验。等取得足够的经验之后，才开始着手制造用于登月飞行的"土星"5 号火箭。

第三是进行必不可少的飞行试验。先后用"双子星座"和"阿波罗"飞船进行了 14 次载人太空飞行，完成了机动飞行、交会对接和宇航员舱外活动等试验。

第四是对月球进行必要的科学考察。美国宇航局先后向月球发射了"徘徊者"、"勘测者"、"月球轨道器"等系列共 20 多个探测器，对月球进行了详细拍照和土壤分析，以便分析在月球着陆的可能性，并确定登月的具体地点。

此外，还有登月方案的选择、发射设施的建造和训练宇航员等，都是十分繁重的任务。

为了完成这些艰巨的工作，在近 10 年的时间里，先后有 120 所大学、20000 家公司、400 多万人投身"阿波罗"计划。仅 1965 年参加这项工作的航天和电子工业方面的科学家和工程师就有 43000 多人。美国为"阿波罗"计划投入的资金高达 250 亿美元。

人类在月球上留下的脚印

1969 年 5 月 26 日，当胜利完成登月彩排的"阿波罗"10 号 3 名宇航员凯旋后，世界上大多数人已经确信，人类登上月球的一天已经为时不远了。

1969 年 7 月 16 日是人类首航月球的日子。这天，位于美国佛罗里达半岛中部的肯尼迪航天中心成了举世瞩目的地方。从半夜两点起，来自美国各地的 100 多万观众和来自世界各地的近 4000 名记者就开始云集发射场。为了亲眼目睹人类首次飞向月球的壮举，他们中的许多人早在两个月前就赶到这里。到 5 月份时，航天中心附近已经很难找到住宿的房间。到 6 月初，距离航天中心 100 千米的范围内也已经找不到旅馆或简易的住处，许多人只好把房间定在 250 千米以外的地方。

当天美国东部时间 9 时 32 分，"土星"5 号火箭开始点火升空。远远看去，"土星"5 号和它顶端的"阿波罗"11 号宇宙飞船就像一柄硕大无比的长剑，直刺蔚蓝的天空。与此同时，百万观众爆发出了雷鸣般的掌声和欢呼声。

"阿波罗"11 号登月宇宙飞船由指挥舱、服务舱和登月舱 3 部分组成。其中指挥舱和服务舱被命名为"哥伦比亚"，登月舱则被命名为"鹰"。3 名宇航员分别是阿姆斯特朗、奥尔德林和柯林斯。

阿姆斯特朗生于 1930 年 8 月 5 日，是俄亥俄州瓦帕秋内塔人。他从小学习用功，而且很喜欢航空航天活动。1946 年他取得飞行员证书，不久就成了海军飞行员。1952 年进入珀杜大学航空技术专业学习，1955 年在刘易斯研究中心当试飞员，后为 X - 15 火箭飞机驾驶员。1962 年 9 月经严格挑选成为航天员，从此与航天事业结下了不解之缘。

1966 年 3 月 16 日，阿姆斯特朗与航天员斯科特合乘"双子星座"8 号飞船进入太空，在绕地球第 4 圈飞行时与轨道上的"阿金纳"航天器会合，在太空完成了飞船对接任务。1969 年 7 月 16～24 日，他作为"阿波罗"11 号飞船的指令长与登月舱驾驶员 E·奥尔德林和指挥舱驾驶员 M·柯林斯，共同完成了人类首次登月的飞行任务。

从地球到月球有 38 万千米之遥。在艰难的征途中，除了每天必要的工作和休息外，3 名宇航员还进行了多次电视转播。他们拍摄的指令舱、登月舱，以及太平洋和美洲大陆的画面使地球上的亿万观众大饱眼福。

经过 4 昼夜的紧张飞行，"阿波罗"11 号终于飞抵月球上空。按照预定计划，"哥伦比亚"由柯林斯单独驾驶继续环绕月球飞行，而阿姆斯特朗和奥尔德林则乘坐登月舱完成登月着陆。分离程序完成后，"鹰"顺利离开"哥伦比亚",勇敢地朝月球飞去。成败在此一举,当时,地面控制中心和全世界电视观众的心都提到了嗓子眼。

1969 年 7 月 20 日格林尼治时间 20 时 17 分 43 秒,两名宇航员乘坐的登月舱安全地降落在预定的月球静海地区。马上,无线电里传来了宇航员阿姆斯特朗的声音:"休斯敦,这里是静海基地,'鹰'已经着陆。"语音刚落,坐落在休斯敦的约翰逊航天中心的指挥大厅里已经一片沸腾。

等到做完出舱的准备工作后,阿姆斯特朗在奥尔德林的帮助下,钻出舱门,然后小心翼翼地走下扶梯,他先用左脚轻轻试探了一下布满细细粉状砂粒的月面,等到确信不会下陷时,才把右脚也放到月球上。于是,月球上留下了一对 15 厘米宽、32.5 厘米长的人类的第一个足迹,时间是 1969 年格林尼治时间 7 月 21 日 2 时 56 分 20 秒。等到双脚站稳以后,阿姆斯特朗怀着异常激动的心情说出了一句意味深长的话:"对于一个人来说,这是一小步;但是对整个人类来说,这是一个巨大的飞跃。"19 分钟后,奥尔德林也踏上了月球。

紧接着,两名宇航员进行了两个半小时的月面活动。他们安放了月震仪、激光反射器和太阳风探测仪,并采集了 22 千克的岩石和土壤标本。另外,他们还在月面上安插了一面用尼龙制成的美国国旗。由于它被绷紧在金属框里,所以即使在无风的月球上也仿佛在猎猎飘扬。

在月面停留了 2 小时 36 分钟之后,两名宇航员乘坐登月舱的上升段飞离月球,而下段却永远地留在了原地。那上面镌刻着地球的东西两个半球和这样一行字:"1969 年 7 月,地球上的人类第一次在月球上留下了足迹。我们代表全人类来这里进行一次和平的旅行。"

1969 年 7 月 24 日 16 时 50 分 22 秒,从天外归来的"阿波罗"11 号的指令舱平安地降落在中太平洋的海水里,3 名宇航员重新回到了地球的怀抱。当阿姆斯特朗"我们已经降落"的声音传到地面指挥中心时,工作人员全体起立,许多人激动得热泪横流,雷鸣般的掌声经久不息。

漫步月球

在美国首都华盛顿的国家航空和宇航博物馆入口的大厅里陈列着一块安

放在红缎子上的岩石切片，它旁边的牌子上写着一句这样的话："请摸一摸月亮。"这是什么意思呢？原来这块岩石就是美国宇航员经过长途跋涉，从月球上采集回来的。

在"阿波罗"6 次成功的载人登月活动中，12 名宇航员共逗留月面近300 小时，共安置了 6 个月震仪、5 座核动力科学实验室等 20 多种自动测试仪器。这些仪器分别进行了月面引力、月震轮廓、月球微陨石以及月球大气成分等多学科实验，为科学家们揭示月球奥秘提供了重要的科学依据。

宇航员们还进行了照相、电视转播和月球通信等活动。通过转播，地球上的电视观众不仅清晰地看到了宇航员们的月面活动，而且还目睹了宇航员和美国总统远距离对话的情景。虽然相距 38 万千米，但是由于通信质量高，宇航员和总统的对话就好像近在咫尺，以至后来随"阿波罗"17 号登月的地质学家施密特就在无线电里和地面的专家讨论起月球岩石的情况。更有趣的是，"阿波罗"14 号的一名宇航员还在月球上打了一次高尔夫球。

除此之外，在历次月面活动中，宇航员花费时间最多的工作就是采集岩石和土壤标本。每次登上月球时，宇航员要做的第一件事就是用一把长柄勺子，不加选择地挖一小勺土壤样品放进兜里，这是为了防备因突然发生危险需要紧急飞离月球时，登上月球的宇航员不至于空手而归。

为了多采掘一些有价值的月岩和土壤，宇航员有时需要走到离登月舱较远的地方。在月球上行走，即使穿着笨重的宇航服也并不感到困难，这是因为月球的引力只有地球的 1/6。后来，宇航员们感到在月球上用双脚蹦跳比步行更快更省力，所以"阿波罗"17 号的两名宇航员在大多数情况下都像兔子一样的跳行。

开始时，由于宇航服内的氧气有限，宇航员的活动范围不大。但自从"阿波罗"15 号使用了月球车以后，宇航员的活力范围扩大了许多，到"阿波罗"17 号时，宇航员的活动距离已经由最初的 90 米扩大到 20 千米。这种月球车长约 3 米，宽约 1.8 米，用蓄电池作动力，在地球上重 209 千克。奔月飞行中，月球车被折叠着存放在登月舱下面，整个体积还不到 1 立方米。这种越野性能非常好的月球车，为宇航员的月面活动提供了便利的交通工具。

"阿波罗"15号的两名宇航员曾经乘月球车爬上了一座高耸的山坡。在经过一座陡峭的山脊时,地面控制人员不断提醒他们一定要注意安全,结果还是有一名宇航员不小心从车上跌了下来,幸好没有摔伤。

为了便于科学研究,美国宇航局在"阿波罗"17号飞行中,干脆把一名地质学家同宇航员一起送上月球。这位名叫施密特的地质学家和宇航员一起驱车行驶了6.4千米。返回途中,他们意外挖掘到一种橘黄色的土壤。施密特最初认为,这种土壤可能有上亿年的历史。等到把它带回地球后,科学家们公认,这是"阿波罗"登月计划中最重要的发现之一。

美国登月活动是从1961年5月开始的,历时11年,耗资255亿美元,参加人数达30万。其中,1966年2月26日至1969年5月,发射了10艘"阿波罗"飞船进行了不载人和载人的飞行试验。1969年7月16日至1972年12月发射的"阿波罗"11号至17号飞船,进行了7次载人登月飞行("阿波罗"13号因故停止登月活动),12名航天员分6批先后登上了月球。

在6次登月过程中,12名宇航员共进行了110多小时的月面活动,累计行程90多千米,收集并带回了472千克月球岩石和土壤标本。这些收获使科

阿姆斯特朗登上月球的瞬间

学家们如获至宝,他们对其进行了多方面的科学研究,取得了重大的科研成果。人们得知月岩含有铁、铀、氧等元素,又通过对原始月球岩石的鉴定,查证了月球的年龄已有41.5亿年。他们还驾驶月球车在月面上活动,拍摄了大量月球照片。登月活动揭示了月球的一些奥秘,帮助人们更好地了解月球,科学地认识太阳系。同时。他们还把10%的月岩和土壤送给世界上20多个国家的100多个

实验室进行研究。1978 年 5 月，美国以卡特总统的名义将"阿波罗"17 号宇航员采集的 1 块重约 1 克的月球岩石赠送给中国政府。中国的科学家用这块岩石中的 0.7 克进行了综合研究，取得了 12 项研究成果。

　　1972 年 12 月 20 日，美国东部时间下午 1 时 24 分 59 秒，"阿波罗"17 号的指令舱降落在太平洋中距离回收航空母舰 4 英里的地方。如果从 1968 年 12 月第一次发射进入月球轨道的"阿波罗"8 号算起，此时正好过去了 4 年时间，人类历史上最伟大的航天计划就此画上了一个完整的句号。

　　"阿波罗"登月飞船由"土星"5 号运载火箭送上太空，它由指挥舱、服务舱和登月舱等部分组成。

　　指挥舱是航天员生活和工作的地方，也是飞船的控制中心，呈圆锥形，高 3.2 米，重约 0.6 万千克。

　　服务舱为指挥舱提供氧气、冷热水，排除指挥舱的二氧化碳和排泄物，并为指挥舱提供动力。飞船进入月球轨道后，服务舱即被抛弃。

　　登月舱是航天员登上月球的座舱，由上升段和下降段组成。航天员从月球返回地球时，以下降段为发射台，抛掉下降段，航天员乘坐上升段离开月面，与指挥舱会合，再抛掉上升段，然后返回地球。

→ 知识点

月球车

　　月球车全名叫"月球探测远程控制机器人"，是一种能够在月球表面行驶并完成月球探测、考察、收集和分析样品等复杂任务的专用车辆。月球车有两种，一种是无人驾驶月球车，一种是有人驾驶月球车。无人驾驶月球车由轮式底盘和仪器舱组成，用太阳能电池和蓄电池联合供电，靠地面遥控指令。有人驾驶月球车是由宇航员驾驶在月面上行走的车，主要用于扩大宇航员的活动范围和减少宇航员的体力消耗，可随时存放宇航员采集的岩石和土壤标本。有人驾驶月球车靠蓄电池提供动力。

拜访水星、金星、火星

拜访水星

水星在 8 大行星中是最小的行星，比月球大 1/3，同时也是最靠近太阳的行星。水星目视星等范围是 0.4 ~ 5.5。水星太接近太阳，所以常常被猛烈的阳光淹没，它的轨道与太阳的距离在 4590 万 ~ 6970 万千米之间，因此望远镜很少能够仔细观察它。水星在许多方面与月球相似，它的表面有许多陨石坑而且十分古老，它也没有板块运动。另一方面，水星的密度比月球大得多。水星是太阳系中仅次于地球，密度第二大的天体。

为了探索更多水星的奥秘，美国和苏联都采取了多项措施。

"水手" 10 号是人类向水星派出的第一个 "观察员"，是水星接待的第一位 "客人"。

"水手" 10 号呈八面柱体，有两块太阳能电池板，重约 525 千克，内装电视摄像机、磁强计、粒子探测器、红外和紫外摄谱仪等。

1973 年 11 月 3 日，用 "宇宙神—人马座" 运载火箭，从美国卡纳维拉尔角发射 "水手" 10 号。当它运行至距金星 5300 千米处时，借助其引力场作用加速飞向水星，行程约 3.8 亿千米，于 1974 年 3 月 29 日与水星相遇，从距水星 720 千米处飞过。此后，"水手" 10 号又两次与水星相遇，一次是 1974 年 9 月 22 日，另一次是 1975 年 3 月 16 日。

"水手" 10 号不仅是人类向水星派出的第一个侦察员，而且是航天史上第一个借用一个行星的引力为动力而到达另一个行星的探测器。通过 3 次对水星的抵近勘察，获取了大量的资料。分析表明，水星是比金星或火星还要小的行星。那里大气稀薄，含有微量的氪、氖、氦等气体；大气压很小，表面温度为 90 ~ 570 开；磁场微弱，约为地球的 1/100；水星表面与月球表面基本相似，有许多火山口。

2009 年 6 月，英国权威科学期刊《自然》上发表了一项最新研究。研究发现，虽然水星体积不大，但它却对我们太阳系构成了最大的威胁。计算机模拟结果显示，水星轨道将有 1% 的可能性延伸至某个危险区域，在这个区域，水星绕太阳运行的轨道会与金星的轨道相重叠。研究人员发现，那时将发生行星混乱，水星轨道变化会在大约 33 亿年内导致内太阳系（类地行星所在区域）全面陷入混乱，可能造成水星、金星或火星与地球相撞。当然，科学家们会进一步探索，以找到解决问题的办法。

拜访金星

金星是太阳系中 8 大行星之一，按离太阳由近及远的次序是第二颗。它是离地球最近的行星。从地球仰望星空，金星是天上最亮的一颗星，我们几乎随时都可以看到它。早晨它叫"启明星"，白天它叫"太白星"，傍晚它叫"长庚星"。但是金星不像离得更远的火星和木星，可以用望远镜看到上面暗色条纹和大红斑，更不像月球，可以用肉眼看到它的山和"海"。金星总是亮晶晶的一片，既美丽又神秘，所以西方以爱与美的女神"维纳斯"称呼它。

由于金星被浓密的大气包围着，人们看到的只是它的大气层。长久以来，人们对它的真实面目了解得很少，仅从它靠近地球，大小和质量与地球差不多这些情况，推测它是地球的"孪生姐妹"。但有许多迹象表明，这对姐妹差别很大。因此，金星和地球只是一对"貌合神离"的姐妹。人们也一直想揭开金星的神秘面纱，认识它的真容。

20 世纪以来，科学家用光谱分析的方法了解到金星的大气成分主要是二氧化碳。在测量金星的自转速度时，结果奇怪得很，每一种方法，每一个人测得的数据都大不相同，甚至同一个人，用同一种方法测量，每一次的数据也大不相同。后来才知道，测量到的不是金星的自转，而是金星上层大气的运动。直到 20 世纪 60 年代初，才用雷达精确测定了金星的自转周期（即金星天）是 243 地球天，比绕太阳公转的周期（即金星年）还要长 9.3 地球天，也就是说，金星的一年，只有 0.925 个金星天。金星的自转方向与地球相反，太阳从西方升起，在东方落下。从地球上只能精确测量金星上层大气的温度，对金星表面的温度却很难测得准。

金星和地球每隔 19 个月相会在太阳同侧的一条直线上，在这前后是向金星发射探测器的最佳时期。

金星是一颗内层行星，从地球用望远镜观察它的话，会发现它有位相变化。伽利略对此现象的观察是赞成哥白尼的有关太阳系的太阳中心说的重要证据。

进入 20 世纪 60 年代后，人们把探测的目标瞄准了金星。

美国和苏联这两个航天大国对金星的探测，也有过一段激烈竞争的历史。美苏探测行星的目标首先都选择金星，这是因为它离地球最近，现有的火箭速度三四个月就可到达；向它发射探测器，只要携带体积很小、功率较低的无线电发射机就可向地球发回探测资料；还由于它离太阳近，探测器在航程中可以得到更多的太阳能，这在航天时代开始不久的 20 世纪 60 年代是最有利的条件。

当时的最近发射机会是 1961 年的前两个月。美国于 1960 年 7 月开始研制探测金星的"水手"号飞船，但由于运载火箭的最上面的一级耗时很长，只好推到 1962 年七八月发射。苏联捷足先登，于 1961 年 1 月 24 日向金星发射了一个名叫"巨人"的探测器，但没有成功。2 月 12 日苏联又发射了探测器"金星"1 号。它重 643.5 千克，备有两块太阳能电池板和直径为两米的折叠式抛物面天线，5 月 19 日至 20 日从距离金星 10 万千米的地方通过，由于无线电通信系统出现故障，所以又未能对金星进行考察。

美国为了不延误下一次的发射机会，决定改用另一种推力较小但较可靠的火箭，探测器的重量也只得由原来的 250 千克多减小为 203 千克。当时美国还没有地面模拟设备，时间又不允许先进行试飞，工程师们就大胆估算，进行设计，共赶制了 3 个简陋的探测器。一个用于地面试验。1962 年 7 月 22 日，美国将重 200 千克的"水手"1 号金星探测器，从卡纳维尔角用"阿特拉斯——阿吉纳"B 火箭发射，因火箭的电子计算机程序出现故障，造成了火箭的控制系统失灵，使发射失败。一个多月后，美国又发射了"水手"2 号，它顺利地进入金星轨道，于是"水手"2 号开始了它充满艰险的旅程。首先，一台光学跟踪仪始终不能对准地球。接着，它发回的信号突然减弱到难以觉察的程度，而苏联又于 9 月 1 日和 12 日两次发射金星探测器，虽然都失败了，但仍使美国人十分紧张。可是，"水手" 2 号的信号后来又神秘地恢复了正常。但在飞行了 2/3 的路程后，两块太阳能电池板中的一块突然失效。在让人担心了一周之后，它又莫名其妙地恢复了正常。但工作了一星期后又失效了。在与金星会合的前 9 天，蓄电池的温度不知什么原因上升到 120℃，而且还在继续上升，如果发生爆炸，就将前功尽弃！在相距只有 5 天的航程时，因 4 条遥测通道失灵，无法知道探测器上气体和燃料的压力，以及定向天线的角度，这使地面控制人员的神经紧张到了极点。在飞近金星的最后 24 小时航程中，启动科学仪器瞄准金星的程序发生器两次突然失效。好在预定的飞行路线使 "水手" 2 号始终处在地面大型跟踪天线的视野以内，可以从地面上向它发送无线电启动信号。这样，终于使 "水手" 2 号成功地飞过金星，距离金星中心 35832 千米。这次飞行历时 110 天，航程 2 亿又 8962 千米。这就是金星探测处女航的惊险传奇经历。

"水手" 2 号上的红外探测器等科学仪器把金星表面的温度（427℃）和所得的其他数据准确地传回地面，创造了航天史上又一奇迹。

"水手" 号探测器，是美国行星和行星际探测器系列中的一个。从 1962 年 7 月至 1973 年 11 月共发射 10 个，其中 3 个飞向金星，2 个成功；6 个飞向火星，4 个成功；最后一个是对金星和水星进行双星观测，成为第一个双星观测器。

美国、苏联、欧盟等均向金星多次发射了探测器。它们有的围绕金星飞行，用各种仪器探测了金星大气，或用雷达测绘了金星表面；有的向金星表面降落，探测深层大气和金星表面情况、拍摄表面照片、分析金星表面岩石。这些探测大大丰富了人类关于金星的知识，初步弄清了金星大气和表面的物理状况。

金星大气和地球大气不同，二氧化碳占 97%，只有不到 2% 的氮、少量的氧和水蒸气，还有氟化氢和硫化物。大气密度是地球大气的 60 倍。浓密的大气使金星表面的大气压力是地球大气压的 90 倍。金星表面的温度也很高，高达 470℃，可以将铅和锌熔化。

金星大气层分为低层、云层和高层。50 千米以下为低层，主要是二氧化碳，还有水蒸气、氟和腐蚀性极强的氢氟酸。50 千米～70 千米为云层，主要是浮在大气中的硫酸珠，还有少量盐酸、氢氟酸和氟硫酸。它们形成云和雾霭。云层以上是高层，大气分子被太阳风、宇宙线、紫外线电离，形成电离层。

金星表面与地球相似，有蜿蜒的山脉，辽阔的高原台地，有火山喷发形成的环形山、盆地和熔岩流形成的平原，地面分布着玄武岩。

麦哲伦是葡萄牙的航海家，16 世纪 20 年代初，他率领船队完成了首次环绕地球的航行。

1989 年 5 月 5 日，以麦哲伦的名字命名的金星探测器——"麦哲伦"号，由美国航天飞机"阿特兰蒂斯"号携上太空。它是美国发射的第一个从事星际考察的探测器，也是从航天飞机上发射的第一个担负这种任务的探测器。

"麦哲伦"号探测器在太空游弋 15 个月，行程约 13 亿千米，计划于 1990 年 8 月飞入金星引力圈内，最后点燃火箭发动机，进入一条周期约 3 小时的环绕金星轨道。

"麦哲伦"号探测器的主要使命是：了解金星的地理地质情况，如表面构造、电特性等；了解金星的物理学特性，如密度分布和金星内部的力学特性等。

"麦哲伦"号探测器重约 355 千克。它的顶部是球形固体火箭，可为探测器提供动力。电能由一对太阳能电池板提供。

"麦哲伦"号探测器上采用了先进的合成孔径雷达，对金星进行探测，并绘制金星图像。

1990 年 8 月 10 日，"麦哲伦"号探测器顺利到达金星。8 月 16 日，探测器上的合成孔径雷达开始对金星表面进行探测，绘制的金星图像非常清晰，可以清楚地辨认出断层、火山熔岩流、火山口、高山、峡谷和陨石坑。"先驱者——金星"号探测器发现金星上可能曾经有过水。

金星，总是被浓云密雾包围着。"麦哲伦"号历经 5 年零 5 个月的时间，绕金星飞行了 15018 圈，运用先进技术透过浓云密雾，对金星表面的 98% 地貌进行了测绘，使我们对这一行星有了前所未有的认识。

"金星快车"是欧洲的第一个金星探测器，于2005年11月9日自哈萨克斯坦境内的拜科努尔发射场搭乘"联盟"运载火箭升空。"金星快车"的研发工作耗时4年，造价达到3亿欧元。

"金星快车"探测金星的主要任务是：在空中对金星表面进行扫描、研究金星大气的构成、研究金星上火山活动情况。科学家们称，金星上有剧烈的火山喷发活动，这导致金星表面近90%的地方全被淹没在火山熔岩中。"金星快车"还将研究金星两极地区的旋风。

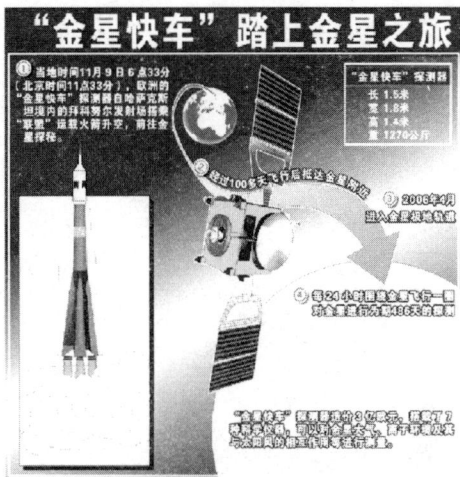

"金星快车"升空

金星的表面温度比最靠近太阳的水星还高，这是由于二氧化碳大气层使金星的热量只进不出，即所谓的"温室效应"造成的。现在地球大气层中二氧化碳成分在增加，也面临着"温室效应"的威胁。金星也是由板块构成的，有断裂带，有火山活动。金星受到的侵蚀远比地球少，较多地保留了原有的状态。研究这些，对研究地球，甚至整个太阳系的演变都有重要意义。

对金星的探测和研究可以说还只是刚刚开始。许多金星之谜还未揭开。

拜访火星

火星距太阳第四远，也是太阳系中的第7大行星。火星被称为战神，这或许是由于它鲜红的颜色而得来的，所以火星有时被称为"红色行星"。中国古代称火星为"荧惑"，因为它是红色，荧荧像火；亮度常有变化，而且不断移动，有时从东向西，有时从西向东，情况复杂，令人迷惑。如果说金星是地球的"左邻"的话，那么，火星就是地球的"右舍"了。火星与地球的最近距离只有4300万千米。如果说金星与地球是孪生姐妹多少有些误会的话，那么，火星是地球的小兄弟则是相当真实的。火星也有被大气包围的固体表面和起伏的地形；火星的自转周期为 24 小时 37 分 22.6 秒钟，即它的一天几乎与地球的一样长；它与地球差不多以同样的姿势绕太阳公转，有四季交替和变化的气候，只是公转周期较长，为 687 天，即它的一季和一年差不多是地球上的一倍。但火星较小，它与地球相比，直径为 53%，体积为 15%，质量为 10.8%，重力为 38%。

关于火星，历史上有过许多猜测与真实事件掺杂在一起的故事。1937 年的一天，美国纽约哥伦比亚广播公司的新闻报道说，火星上的怪物已在美国登陆，军方对它们无法阻挡，它们到处喷射火焰，施放毒气，所过之处尸横遍野，瓦砾成堆……这是以新闻报道形式广播的广播剧，结果却弄假成真，使百万美国人处于惊慌恐惧之中，还有许多人在混乱中丧生。这场悲剧说明，人们对火星人信以为真。这个广播剧是根据 1897 年威尔士写的科幻小说《宇宙战争》改编的。书中把"火星人"描写成章鱼一样的怪物，它极端聪明，但非常残忍，入侵地球时用各种新式武器到处烧杀，引起了一场星际大战。

产生这样的科幻小说不是偶然的，因为在 19 世纪有过"火星人"的许多报道。如在 1877 年，意大利天文学家斯基帕雷利发现火星上有许多像河渠一样的黑色线条。他的发现在被译成英文时，"河渠"被译成了"运河"。既然有火星运河，当然有火星人。斯基帕雷利的发现引起天文学家的极大兴趣，许多人都把望远镜对着了火星，不少人声称观察到了运河，其中美国人洛威尔变卖家产，建立私人天文台，观测火星十几年，根据拍摄到的几千张照片，绘制了火星运河图。"火星运河"又被与早先发现的火星两极白色极冠夏季缩小、冬季扩大，以及一些地区的颜色变化联系起来，认为极冠夏季缩小是因为冰雪消融，运河是火星人引两极冰水灌溉农田的水渠，一些地区颜色的变化就是植物的春夏翠绿、秋冬枯黄造成的。加之在 1877 年，美国人霍尔发现火星有两颗小卫星，它们离火星很近，很像是"火星人"发射的人造卫星。这样，当时认为的火星上有高级文明似乎是准确无疑的了。于是以火星人为题材的科幻小说纷纷问世。

后来经过光学仪器和雷达的反复探测，判定火星上并没有运河，两颗小卫星也是天然卫星。火星的大气非常稀薄，只有地球大气密度的 1%，而且主要成分是二氧化碳，几乎没有氧；火星上温度很低，昼夜温差达 100 多度，地表都是冰冻的，没有水；火星磁场非常弱，不能阻隔太阳风、宇宙线和紫外线等对它的直接照射。在这样的环境中，老鼠、乌龟、青蛙、蜘蛛和甲虫分别只能活几秒钟、6 小时、25 小时和几个星期，也不会有植物生长，自然不会有"火星人"存在了。

从 1960 年 10 月到 1964 年 11 月，苏联向火星发射了 6 个探测器，均遭失败。美国在 1964 年 11 月也有两次发射，一次成功，"水手"4 号探测器测量了火星大气，拍了 22 张照片。从 1969 年 2 月到 1975 年 9 月，美国和苏联对火星进行了第二轮探测。苏联发射了 6 个探测器，多数成效不大；美国也发射了 6 个探测器，除一次失败外，其他都获得成功。其中"水手"9 号在火星轨道上工作近一年，发回 7000 多幅照片和大量数据。尤其是两艘"海盗"形成河床的滔滔大水哪里去了？在两极和永冻层下是不是像科学家推测的那样，存在着大量的水？火星上存在着生命形成的条件（如大气中发现氮；温度比过去推测的高，白天可能有液态水，而"水就是生命"；早期大气密度是现在的 10 ~ 20 倍；大量氧化物的存在说明火星上曾经有惊人的氧化能力等等），是不是过去有过生命或现在有较低级的生命形式存在？

从以上情况看，火星的温度、大气等环境条件，比较起来是最适合人类生活的第二个天体（如月球没有大气，金星的温度、气压太高）。火星对人类有着重要的意义，人们正在酝酿新一轮的探测活动。如有 21 个国家参加的苏联"火星 – 94"计划，打算发射两个探测器绕火星飞行，并将两个科学站放到火星表面上去，同时放出气球，夜晚温度降低时气体收缩，气球落向火星表面。白天气温升高，空气膨胀，气球升起，随风飘动，移向另外的地方。如此重复，可为载人火星飞行选择最佳的着陆地点。在 20 世纪 90 年代，当时的美国总统布什提出，要在"阿波罗"登月 50 周年（2019 年）以前，进行载人火星飞行。载人火星飞行是要返回的，由于火星每隔两年零两个月才与地球靠近 1 次，只有这时才能返回，来回飞行加上在火星上工作和等待的时间，一次载人火星飞行需要两年零八个月的时间，这是一件很不容易的事。一段时间内，美苏都在为载人火星飞行作准备。如研究如何防治航天员的内外科疾病，美国设想把火星飞船分成相互旋转的两部分，以造成人造重力，避免航天员产生失重病症；研究飞船飞行和飞船上的各种技术；研究在火星上的各种探测和科学研究技术；研究如何解决几名航天员二三年的食物等等。载人火星飞行也是花费很大的事业，一个国家国力有限，可能要由几国联合进行载人飞行。

人类的火星探测一定会取得更大的成就，生命之谜会彻底揭开。2008 年 7 月 31 日，美国航空航天局科学家宣布，"凤凰"号火星探测器在火星上加热土壤样本时鉴别出有水蒸气产生，也有可能是太阳烤干了，因为火星离太阳近，从而最终确认火星上有水存在。

知识点

火星的卫星

火星有两颗天然卫星：火卫一和火卫二。火卫一离火星中心约 9370 千米，公转周期为 7 小时 59 分，比火星自转快得多，所以从火星上看来，它是西升东落的。火卫二离火星约 23500 千米，公转周期为 30 小时 18 分。它们的形状都很不规则，轨道也不稳定，火卫一有加速现象，轨道不断降低，而火卫二却在慢慢远离火星。

探索木星、土星

探　索

在古代，我们的祖先发现，在太空的亿万颗星辰中，有 5 颗特别明亮的星星穿行其间，这就是水星、金星、火星、木星和土星。木星的亮度仅次于金星，名列第二。在太阳系的 9 大行星中，无论从体积或质量上衡量，木星都排行第一。

木星是一个美丽而神秘的行星。

从靠近太阳算起，木星是太阳系第5颗行星，正好处在9大行星的中间位置，在它的内外两侧都各有4颗行星。木星是9大行星中最大的一颗行星，其他8大行星的质量加在一起还不到木星质量的一半。它的质量是地球的300多倍，体积是地球的1300多倍。巨大的质量形成强大的木星引力场，物体要从木星表面逃脱，必须达到每秒钟60千米的高速度，这是地球上的5倍多。所以像氢、氦这样最轻的气体分子，也逃不脱木星的引力。在木星的上空，至今还有大量的太阳系形成初期的原始气体。它的一年相当于地球的11.86年，而它的一天却只相当于地球的0.41天，也就是说它的自转速度特别快。木星表面是液态氢，深24000千米，没有地球这样的固体表面。液态氢之上是厚达上千千米的大气层，主要成分是氢、氦、氨、甲烷和水蒸气等。从望远镜中看到的木星，是它的斑斓云层。这些云层明暗相间，形成彩色云带，有金红色的，有暗红色的，还有浅绿色的，颜色非常鲜艳，像是一个做工精巧的彩绘大皮球。在它的赤道南侧，有一块蛋形大红斑，宽1万多千米，长2万千米，300多年前就引起了人们的兴趣。

木星有4颗大卫星，其中木卫三是太阳系中最大的卫星，它的体积比月球大得多，甚至比行星冥王星和水星还大。其余的木卫一、木卫二、木卫四也在太阳系前7大卫星之列（其余3颗是土卫六、月球和海卫一）。这4颗大卫星是17世纪伽利略发现的，所以又叫"伽利略卫星"，它们都有固体表面，可以成为宇宙航行的中继站。4大卫星与太阳系的行星一样，距离越远，密度越小。除4大卫星以外，还有13颗较小的卫星。木星与它的17颗卫星，自成体系，好像一个"小太阳系"。

木星与其他行星不同，它放出的热量是它从太阳吸收的热量的两

木星图

倍。这就是说，木星与太阳一样，自身也放出热量。科学家推测，木星中心是一个固体核，可能保留着木星形成时期的原始热，温度高达几万度。核外是厚厚的液氢。液氢对流，将内核的部分热量传导出来。再外面是稠密的大气层，主要成分是氢和氦，还有氨和甲烷。氨和甲烷的比例与太阳大气相似。木星也与太阳一样，有丰富的氢元素。由于木星的成分和结构与太阳有很多相似的地方，所以科学家认为，木星的早期演化和太阳系的起源十分相似。因此，研究木星是了解太阳系的初始状态的最好对象。但是，由于木星与地球相距最近时也有6亿多千米，所以通过地面上的观测是无法查明这些问题的，只有发射航天器就近探测或者深入其境进行实地探测。

人类探测木星，不仅是为了了解木星本身，而且可以通过木星探测，了解太阳系的形成和发展，其中包括对地球早期状况的了解。

可是，何必舍近求远到木星上去研究地球早期的状况？况且地球也是太阳系的一部分，研究地球也可以了解太阳系的形成和发展。

这里自有其科学道理。

由于大气和人类活动等因素对地球的影响，地球早已是"面目全非"了。因此，研究地球早期的发展史、太阳系的发展史、宇宙的发展史，已不能在地球上找到全部证据了。那么，是不是可以在地球附近的月球、金星、火星上找到证据呢？在这些星球上保留着一些原始状态，但也不能完全解决问题，因为这些天体的质量较小，较轻的元素容易逃出它们的引力场，现在的元素成分也早已不是原来的样子了。当然，要弄清太阳系的初始状态，最好的办法是发射探测器到太阳上去。但是太阳大气温度高达几千度，表面温度更高，目前的技术水平还办不到。因此，科学家特别重视木星探测，把探测木星作为研究太阳系起源和演化的一个窗口。

航天时代开始以来，已有4个探测器对木星进行了探测。从20世纪70年代初至今，人们孜孜不倦，试图揭示木星的秘密。1972年3月2日和1973年4月6日，美国先后发射了"先驱者"10号和"先驱者"11号探测器。它们分别于1973年12月3日和1974年12月5日从木星右侧和左侧飞过，距木星13万千米和402万千米对木星进行了探测，这是有史以来的第一次。1977年

9月5日和8月20日。美国又先后发射了"旅行者"1号和"旅行者"2号探测器，分别于1979年3月5日和7月9日飞过木星，距木星27.5万千米和72万千米，对木星和木星的卫星进行了探测。

人们逐渐揭开了被色彩斑斓的浓密云层笼罩着的木星的奥秘，对木星有了初步地了解。

自1977年发射"旅行者"1号和2号探测器以来，先后探测了木星、土星、天王星和海王星，共发回10万多张照片，研究和发射共耗资8.7亿美元，但它们所获得的成果却是无价的。1989年8月25日，亿万观众兴高采烈地从电视里欣赏了"旅行者"号发回的神秘太空壮景。

这些探测揭开了木星的许多秘密，大大丰富了人类关于木星的知识。考察发现，木星有一个由大量的黑色碎石块组成的宽大光环，光环的宽度达数千千米，厚度为30千米，组成光环的黑色碎石块大小不等，大的直径有数百米，小的有数十米。这个发现解决了对木星是否有环的争论；查明蛋形大红斑是一团急剧上升的强大的漩涡气流；在木星背向太阳的一面发现有高达3万千米的极光，五彩缤纷，极为壮观；木星有强大的磁场，磁场区域很大，磁尾延伸7亿千米以上，到达土星轨道以外；在木星的卫星上发现活火山，如木卫一上有6座火山同时爆发，它以每小时1600千米的速度向外喷发灼热的气体和固体物质，喷发物的高度达480千米，喷发的强度比地球上的火山大得多。

木卫一有稀薄的大气，厚达110千米；本卫二、三、四由冰层包裹着，非常光亮，但有槽沟和盆地，颜色褐、黄、灰白各不相同。木星的卫星有多少？过去说法不一。经考察，迄今为止已发现木星有4颗大卫星和12颗小卫星，木星和它的卫星系统很像一个小型的太阳系。

1989年10月18日，美国发射了"伽利略"号木星探测器，它由轨道器和着陆器两部分组成。在6年的飞行过程中，分别对金星、月球和一些小行星进行探测，并两次借助地球的引力、一次借助金星的引力加速。在到达木星的前5个月，着陆器与轨道器分离，轨道器于1995年12月7日开始绕木星飞行，进行为时两年的考察，共绕木星飞行11圈，11次飞过4大卫星。它巧妙地借用这些卫星的引力，从一颗跳飞到另一颗，尽可能地接近它们。着陆器则向木星表面降落。由于木星深层大气的压力高达 15 ~ 20 个大气压，着陆器工作 1 小时就会被压碎。但它对木星大气的直接探测数据非常宝贵。"伽利略"号于 2003 年 9 月按程序坠毁在木星。

由于这些探测器都是来去匆匆，来不及对木星作全面的探测，而且距离较远，在木星的下层大气中和木星上，至今还有许多奇特的现象没有得到合理的解释。2009 年，美国宇航局宣布，将于 2011 年 8 月发射一个新的木星探测器"朱诺"，展开对木星的深入探测。预计到 2016 年，"朱诺"将飞抵绕木星运行的轨道上。它每年大约可绕木星运转 32 圈，通过它的探测，科学家希望能了解木星这颗巨行星的形成、进化和结构等。

探索土星

土星古称镇星或填星，是太阳系第二大行星。它与邻居木星十分相像，表面也是液态氢和氦的海洋，上方同样覆盖着厚厚的云层。土星大气以氢、氦为主，并含有甲烷和其他气体，大气中飘浮着由稠密的氨晶体组成的云。从望远镜中看去，这些云像木星的云一样形成相互平行的条纹，但不如木星云带那样鲜艳，只是比木星云带规则得多。土星也有四季，只是每一季的时间要长达 7 年多，因为离太阳遥远，即使是夏季也极其寒冷。土星确实像一位身披彩带旋转起舞的女郎。它自转一周只要 10 小时 14 分钟，而绕太阳公转一圈却要 29.5 年！土星是唯一一个比水轻的行星，虽然它的体积是地球的 745 倍，但质量却只有地球的 95 倍。

远在 1610 年，伟大的科学家伽利略用望远镜观察土星时，发现土星的两侧有附属物，像人头两侧长着耳朵一样，据此，他认为土星是由中间一个大天体和两边各一个小天体组成的。1659 年荷兰物理学家和天文学家惠更斯对土星的"耳朵"作了精细的观察，发现两只"耳朵"并不长在土星上，即并不与土星相连，而是高悬于土星之上，而且也不是两个小天体，而是环绕土星的一个扁平的固体物质盘，后来称为光环或环。以后，科学家们又发现土星光环由西向东旋转，光环直径达 27 万千米，厚度只有 10 千米左右。

1675 年，意大利天文学家卡西尼发现土星光环的平面中间有一条缝隙，这条缝隙把光环分成内外两个环。为了纪念卡西尼的发现，人们就把这条缝隙叫做"卡西尼"缝。缝外叫 A 环，缝内叫 B 环。过了 175 年，即 1850 年，人们又在 B 环以内发现一条很薄的 C 环。1856 年，英国物理学家麦克斯韦从理论上论证，光环不是扁平的物质盘，而是由无数小卫星组成的。1895 年，美国天文学家基勒通过观测，阐明了麦克斯韦的论证，土星光环确实是由一群分离的质点形成的。关于土星光环的故事，到此并未结束。1969 年又在 C 环以内发现了 D 环，它最靠近土星，已到土星大气层以内，故很难被发现。不久，又在 A 环以外发现了 E 环。1972 年，通过雷达测量，发现土星环的质点，是直径 4～30 厘米的冰块。

到此，有关土星环的故事已延续了 780 多年。但是，由于土星距离我们太遥远，人们至今对土星光环仍然了解不多。要弄清土星环的秘密，只能靠航天器的就近探测。

知识点

土星的卫星

土星拥有许多卫星，在被命名的卫星中，有 11 个是直径在 300 千米以下的小卫星，6 个是直径在 400—1500 千米的中型卫星，还有一颗直径约为 5150 千米的大卫星土卫六——泰坦。土卫六是太阳系中唯一拥有稠密大气层的卫星。在土星的卫星当中，最内侧的 6 个都是小卫星，天文学家推测它们可能原本是大颗冰天体的碎片，与土星之间彼此有着密切的关系。

探索天王星、海王星、冥王星

探索天王星

天王星是太阳向外的第七颗行星，在太阳系的体积是第三大（比海王星大），质量排名第四（比海王星轻）。

天王星的发现过程是非常有趣的。有个侨居英国的德国人，叫赫歇尔，在英国皇宫里吹奏双簧管。这位乐师酷爱天文，开始利用业余时间进行天文观测，后来把主要精力和财产都投入了天文研究，并亲手制作了许多望远镜。1781年3月13日，他偶然发现一颗新星，它不像恒星那样发光，而且与其他恒星的相对位置有变化，可能是颗行星，但他没有把握，宣布时说是一颗彗星。他的发现引起了天文学家的重视，纷纷进行观测，最后确定是颗新行星，后来将其命名为天王星。

天王星是一颗躺倒的行星，太阳系8大行星中，天王星地处太阳系的边远地带，距地球约28亿千米，相当于地球到土星距离的2倍。它像地球一样有公转和自转，可是由于距太阳太远，绕太阳公转一周长达84年之久。历经200多年的观测，发现它有两点最使人迷惑不解。一是比重小，它的体积是地球的64倍，而质量却只有地球的14.6倍；二是它似乎没有磁场，这是不可想象的。

天王星是个庞然大物，它的体积是地球的64倍，质量约为地球的15倍。

天王星大气的主要成分是氢和氦，还包含较高比例的由水、氨、甲烷结成的"冰"，以及可以察觉到的碳氢化合物。它是太阳系内温度最低的行星，最低的温度只有49开，还有复合体组成的云层结构，水在最低的云层内，而甲烷组成最高处的云层。

如同其他的大行星，天王星也有环系统、磁层和许多卫星。天王星的系统在行星中非常独特，因为它的自转轴斜向一边，几乎就躺在公转太阳的轨道平面上，因而南极和北极也躺在其他行星的赤道位置上。从地球看，天王星的环像是环绕着标靶的圆环，它的卫星则像环绕着钟的指针。

"旅行者"2号在1977年发射，在继续前往海王星的旅程之前，1986年1月24日，它在距天王星表面只有107080千米处掠过，用它携带的各种现代化科学探测手段，对这颗奇特的大行星进行了人类有史以来的首次近距离考察，这次的拜访是唯一的一次近距离的探测，并且目前也还没有新的探测计划。

"旅行者"2号是一艘携带各种科学仪器的空间探测器，起飞重量为820

千克，外形为 16 面体，中央有一个存放燃料的球形箱体，四周安装有各种无线电设备，如直径为 3.7 米的抛物面天线等。

"旅行者" 2 号携带有 12 种科学仪器，以及 "地球之音" ——向外星人的问候语和反映地球人类文明的照片。这些科学仪器分为三大类，一是摄像设备，用于拍摄天王星的各种图像；二是空间环境探测设备，用于探测宇宙射线、宇宙粒子、磁场等；三是射电天文接收机，用于探测大气层和电离层的特性等。

"旅行者" 2 号传回的资料很多，这些资料将帮助人们更好地认识天王星。"旅行者" 2 号拍摄了天王星多姿多彩的 "体姿" 及 "面容"，并将拍摄到的照片及其他信息通过无线电波及时发往地球。经过 2 小时 45 分钟后，这些电波穿越浩瀚的宇宙深空到达地球，由地面的 64 米大型抛物面天线接收并送入计算机处理。科学家们利用大型计算机进行一系列的分析计算，就可以揭开这颗至今了解甚少的行星的一些真实面目，也为探索太阳系的起源和进化问题提供重要的证据。"旅行者" 2 号探测器的探测资料表明，天王星是彗星构成的。科学家认为，彗星原来在土星和冥王星之间绕太阳运行，轨道与其他行星的差不多，后来由于某种原因，一些彗星的轨道变得非常扁长，多数时间远离太阳。而留下的几百万个彗星集结成两团，形成现在的天王星和海王星。所以在天王星大气中发现有彗星大气的成分。虽然只有 "旅行者" 2 号探测器对天王星进行过一次探测，但它所获的探测资料，比人类发现天王星和海王星以来一二百年积累的知识还要多。

原来天王星表面是深达 8000 千米的水，只有地球大小的熔化岩心，所以比重较小；天王星也有磁场，只是比较弱，而且在天王星表面，磁场强度各不相同，磁极方向与天王星两极方向成 60° 角（地球磁极大致在地球的两极），严重偏斜扭曲。另外还有许多重大发现，如整个天王星是个大 "温池"，但你千万别以为可以去洗澡，因为它的海水温度高达几千摄氏度。"旅行者" 2 号发现，天王星大气中氦的含量为 10% ~ 15%，其余是氢。大气中有风暴云，但没有大气漩涡。高层大气的温度很高，在南极上空达 1800 度，北极上空达 2400 度，真令人惊讶！

不用担心，由于天王星的大气层厚达几千千米，大气压力是地球上的许多许多倍，所以海水并不沸腾和汽化。

那不凝固了吗？

恰恰又是几千度的高温，使巨大压力下的海水不至于凝固。

人们还发现那里的温度违反常理。在探测的当时，太阳正照射天王星的南极，温度是1800℃，而当时背阳的北极却有2400℃。

天王星大气中有猛烈的风暴和奇异的电辉光。大气中有云层，云层向外喷射有毒的气流。

新发现的天王星的11条光环，使天王星的光环增至20条。光环黯黑，有红蓝两种颜色。

新发现的10颗卫星使天王星卫星的数目增加到15颗卫星。这些卫星不仅自转方向各不相同，而且不是标准的圆球星体，地形非常复杂，尤其是天卫五，几乎集中了太阳系中所有怪异的地形。有比珠穆朗玛峰高3倍的山峰，有深16000米的峡谷，还有又长又深的裂缝、横亘的大山梁、令人生畏的悬崖、错落分布的环形山和流淌着的冰川。科学家对这种千奇百怪的地貌啧啧称奇之后，又陷入沉思：这都是如何形成的呢?!

探索海王星

天王星发现后，科学家发现它的实际位置与根据牛顿万有引力定律计算出来的位置总是不相符。有人怀疑牛顿万有引力定律已不适用于这么遥远的距离，但另一些人认为，可能在天王星之外还有一颗行星，是它的引力使天王星的轨道发生异常。于是，许多天文学家计算这颗未知行星应该在什么位置上。1845年，英国人J. C. 亚当斯算出了它的轨道和质量，但是没有引起天文界的重视。法国青年天文学家勒威耶花了一年多的时间，也在1845年夏天计算了这颗未知行星的轨道和位置，并于6月1日和8月31日两次写出报告，于9月18日将报告寄给柏林天文台的伽勒。伽勒收到报告后相当重视，立即组织观测，结果在计算位置相差不到一度的地方找到了这颗行星，这就是现在的海王星。海王星是环绕太阳运行的第八颗行星，也是太阳系中第四大天体（直径上）。海王星在直径上小于天王星，但质量比它大。海王星的组成成分与天王星的很相似：各种各样的"冰"和15%的氢和少量氦的岩石。海王星相似于天王星但不同于土星和木星，它或许有明显的内部地质分层，但在组成成分上有着或多或少的一致性。但海王星很有可能拥有一个岩石质的小型地核（质量与地球相

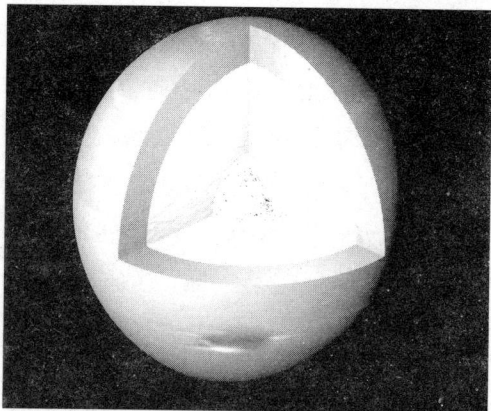

海王星的内部结构

仿）。它的大气多半由氢气和氦气组成，还有少量的甲烷。遥远的海王星，从地球上看去，常常隐身于宝瓶座星系不被人们发现，人们在发现天王星运动方式有点怪异之后，通过计算和推算才发现了它的存在。海王星的蓝色是大气中甲烷吸收了日光中的红光造成的。

经150多年的探测，人类了解到海王星22小时自转一圈，绕太阳公转一圈需要164.8年。它的体积是地球的64倍，质量是地球的17.2倍。有大气和两颗卫星。但由于海王星距太阳45亿千米，人们对它的了解很少，时至1968年，还在争论它是否有光环。

航天时代开始后，人们希望航天器的就近探测能揭开它的更多地秘密。

1989年6月，已在茫茫太空飞行了72亿千米的"旅行者"2号，调整方向，飞向海王星。8月25日。"旅行者"2号经过长途跋涉，到达它的最后一个探测目标海王星。由于人们对"旅行者"2号的海王星探测盼望已久，加之"旅行者"2号飞过海王星最近点4827千米时，正是美国晚上9点的黄金时间，且为了让更多的人领略"旅行者"2号飞过海王星的壮举，目睹海王星的神秘世界，美国宇航局决定向美国公众转播实况。由于距离遥远，"旅行者"2号发回的电波信号，经过4小时零6分钟到达地球后已非常微弱，只得将分布在四大洲的38座巨型天线连成一个超级天线阵来捕捉信号，然后经计

算机处理，转换成图像显示在荧光屏上。

当时，共有 270 万人观看了 7 小时的实况转播，7 个国家的 130 名科学家也赶往美国观看这一盛况。整个实况转播历时 7 个小时，来自 7 个国家的 130 位科学家也同时在宇航局的荧光屏上收看了这一盛况。这是"旅行者"号计划实施 12 年来第一次向普通百姓实况转播探测成果。

"旅行者" 2 号没有辜负人们的厚望，通过它发回的 6000 多张照片，人们弄清了海王星的许多问题。这是人类有史以来从最远距离（与地球相距大约 45 亿千米）接收来自另一颗遥远行星的照片。

"旅行者" 2 号新发现的海王星的 6 颗卫星，使它的卫星增加到 8 颗；海王星有 5 条光环，两明三暗，是由卫星碎片构成的；大气中有面积达地球那么大的气旋，形成大黑斑，气旋后面是时速为 640 千米的风暴，还有像地球城市上空一样的烟雾，那是太阳光汽化甲烷形成的；海王星的磁极与海王星两极方向成 50°角，磁场被辐射带包围着，有像地球极光一样的光辉。

"旅行者" 2 号对海卫一的探测成果，使科学家们对海卫一的兴趣，比对海王星本身的兴趣更大。海卫一是太阳系中逆行星自转方向运行的一颗大卫星，可能原来是一颗彗星，与海王星一颗卫星相撞后进入绕海王星运行的轨道；海卫一有稀薄的大气，是太阳系中最冷的天体，表面温度为 -240.12℃；有还在活动的冰火山，喷出的氮冰微粒高达 32 千米，这是内部液氮压力升高引起的；表面上到处有断层、山脊、低悬崖和各种冰结构，这可能是因地震形成的；表面还可能有液氮海洋和冰湖。

海王星也有光环。在地球上只能观察到暗淡模糊的圆弧，而非完整的光环。但"旅行者" 2 号的图像显示这些弧完全是由亮块组成的光环。其中的一个光环看上去似乎有奇特的螺旋形结构。

当然，海王星和它的卫星还有许多秘密等待着人们去继续揭示。

探索冥王星

冥王星是离太阳最远的一颗行星，也是探测器还没有探测过的唯一一颗十分神秘的行星。甚至连哈勃太空望远镜也只能观察到它表面上的大致容貌。

对人们来说，冥王星还相当陌生。它的许多秘密都等待着航天器去揭开。

很幸运，冥王星有一颗卫星，冥卫一。也是靠着好运气，它才能被人们发现。

天王星发现后，人们发现它的运行轨道偏斜，这就是说，在它外面还有一个大行星在拉扯它。后来果然发现了海王星。但是，海王星的引力不可能使天王星的运行轨道发生那么大的偏斜，况且海王星本身的运行轨道也不正常呢。是不是在海王星外边像"藏猫猫"一样还有一个大行星呢？经过几十年的寻找，1930 年 2 月 18 日，人们终于又找到了一颗大行星，它就是现在的冥王星。但是，对冥王星是不是原来要找的那颗未知的行星，还有许多争论。因为冥王星的运行轨道也有偏斜，而且质量太小，不可能对天王星和海王星的运行轨道产生那样大的干扰。有些人认为，在冥王星之外，还有一颗行星——太阳系的第十颗行星。虽然也有人算出了这颗未知行星的位置和轨道，但至今没有发现任何踪迹。这就是留给我们的那条长长的"尾巴"。

2005 年 7 月 9 日，又一颗新发现的海王星外天体被宣布正式命名为厄里斯（Eris）。根据厄里斯的亮度和反照率推断，它要比冥王星略大。这是 1846 年发现海王星之后太阳系中所发现的最大天体。尽管当初并没有官方的共识，它的发现者和众多媒体起初都将之称为"第十大行星"。也有天文学家认为厄里斯的发现为重新考虑冥王星的行星地位提供了有力佐证。

经过 30 年的进一步观测，人们发现冥王星的直径只有 2300 千米，比月球还要小，等到冥王星的大小被确认，"冥王星是大行星"早已被写入教科书了。冥王星的确是一个异类。它个头太小，轨道太扁，有时竟跑到海王星轨道的内侧，而且轨道平面相对于地球轨道平面有很大的倾斜，而不像其他行星轨道基本上与地球轨道位于同一平面上。这些特征使其行星地位相当不稳定。2006 年，国际天文学联合会在一次会议上通过了新的行星定义，将冥王星"开除"出行星行列，而将其列入"矮行星"。这一决定当时在天文学界引发了轩然大波。

2009 年 3 月 9 日，美国伊利诺伊州决定恢复冥王星的行星资格，当然，这只是代表他们州的意见而已。

冥王星发现已经将近 80 年了，但人们对它的了解还非常肤浅。

冥王星是目前太阳系中最远的行星，其轨道最扁，以致最近 20 年间冥王星离太阳比海王星还近。冥王星的质量远比其他行星小，甚至在卫星世界中它也只能排在第七、第八位。冥王星的表面温度很低，因而它上面绝大多数物质只能是固态或液态，即其冰幔特别厚，只有氢、氦、氖可能保持气态，如果上面有大气的话也只能由这三种元素组成。

冥王星的亮度比原来估计的要暗得多，以至于看不清它的圆面边界，不能准确地测定它的体积。它的直径大约 2700 千米，质量是地球的 1/400，不仅比水星小，而且只是月球的 1/7。它懒洋洋地侧向自转，自转一周需要 153 小时，比兄弟行星慢得多。它绕太阳公转一圈需要 248 年，自发现至今还没有走完 1/4 圈呢！

已知冥王星有一颗卫星，它绕冥王星公转一圈的时间与冥王星自转一圈的时间正好相等，是一颗天然的同步卫星，这在太阳系中也是独一无二的。

对冥王星的外貌和构造，目前我们仍然不十分了解。对冥王星的身世来历，更是众说纷纭，有着各种各样的有趣的假说。

有说它原来是海王星的一颗卫星。

1936 年，有个叫里特顿的人提出，冥王星原来是海王星的一颗卫星，与海卫一靠近，相互的引力作用使海卫一变成绕海王星逆转的卫星，而它则被加速逃脱海王星的引力而成为一颗行星。直到 20 世纪 80 年代，美国海军天文台的范弗兰德和哈林顿通过计算模拟，还认为冥王星原来是海王星的卫星，后来一个大天体经过那里时把它弹出了海王星轨道而成为一颗行星。

有的认为冥王星太小，只可能是一颗小行星。中国天文学家戴文赛则认为，冥王星是由海王星轨道内一种叫做"大星子"的天体形成的。一个大星子与一个较大的星子相撞，使轨道变扁变斜；接着又被另一个星子撞倒，使它侧向自转；被碰碎的物质集聚起来成为它的卫星，可能不止一个。

有人说它是一颗大行星的碎片。

这就是苏联科学家科瓦尔和先卡维奇非常新奇的假说。这个新奇的假说听起来像童话故事一样有趣。约在 7500 万年以前，在现在木星和火星之间的小行星带区域中，有一颗叫做"法艾东"的行星，类似于地球，是地球年龄的一倍半，上面有高级智慧生物，他们的文明发展程度比现在的地球人高得多，早已掌握了热核能。由于一次威力无比巨大的核爆炸，使"法艾东"受到剧烈震动，结果被裂成许多小碎块，形成了现在的小行星带。其中特大的一块，由于爆炸的冲力，使它的公转速度大大增加，而疾速冲出原来的公转轨道，当冲到土星旁边时，将土星的一颗卫星碰得粉碎，形成现在的土星环，接着又把土卫九碰得朝后转动。然后继续前进，又与天王星擦碰，从天王星上扯下一大块物质，这些物质后来又落到天王星上，由此产生的猛烈冲击，使天王星翻倒。接着，那块特大物质又冲过海王星轨道，这时它的动能才消耗殆尽，进入绕太阳运行的新轨道，成为外侧的一颗行星。

人们将"法艾东"行星的毁灭叫做"法艾东灾变"。我们地球也受"法艾东灾变"的影响，气候发生了激烈变化。恐龙就是在这次气候变化中灭绝的。这就是行星灾变来历说。

这些假设和猜测对不对？如何揭开冥王星之谜？最好的办法是让宇宙飞船把人送上冥王星，如果它确是"法艾东"行星的一部分，则在它上面一定有高级文明的遗迹，那么，就可以像在地球上考古那样进行考查，揭开这个万古之谜。但是，冥王星离我们太遥远，最近时也有40亿千米，飞船来回需要二三十年的时间，我们现在的技术还办不到。那么，发送探测器到上面去考察行不行？这当然可以。可是冥王星上有没有固体表面还没有把握，即使探测器可以着陆，那里的环境条件能允许探测器工作多长时间呢？至少那里的温度是极低的，向阳面为223℃，背阳面为 - 253℃。那么，剩下的办法就是发送探测器去就近进行探测了。

在这之前，人们还想到一个好办法，就是用火箭或航天飞机将望远镜送到绕地球运行的轨道上，那里没有大气遮挡，可以更清楚地进行观测。1990年4月，由航天飞机送入轨道的"哈勃"号太空望远镜，就可以担负起观测冥王星的任务。

冥王星目前正处在离太阳较近的位置上，通过地面和太空的各种观测，以及先进的计算机和高超的计算机处理技术，冥王星上的许多秘密将会逐渐被揭示。当然，是不是有"法艾东"灾变说中的高级文明的遗迹，仍然需要等待人们前去考古。

➡➡ **知识点**

冥王星是一颗矮行星

冥王星曾经被认为是太阳系的第九大行星，但后来被降格为矮行星。根据国际天文学联合会 2006 年 8 月通过的决议，被称为行星的天体要符合三个主要条件：

（1）该天体须位于围绕太阳的轨道之上。（2）该天体须有足够大的质量来克服固体引力以达到流体静力平衡的形状（近于球形）。（3）该天体须有足够的引力清空其轨道附近区域的天体。而冥王星则不符合上述第三条行星标准。国际天文学联合会进一步决议通过冥王星应该归入矮行星（介于行星和小行星之间）之列。

升空的准备和有趣的太空生活

由于太空环境和地球环境的显著差别，升入太空的宇航员们的生活也"与众不同"起来。他们要学会适应宇宙飞船升空后带来的失重环境，要克服宇宙飞船升空时的噪声，还要应对升入太空后的真空环境。他们在太空中的穿着、饮食、睡眠、锻炼等活动也不再像在地球上那样随便，而是要按着严格规定的程序进行。

宇航员要克服的几种不利环境

失重环境

失重是宇航员进入飞行轨道遇到的一个特殊物理因素。宇宙飞船绕地球轨道做圆周运动时，飞船运动的离心力和地球对飞船的引力相等，由于这两种作用力方向相反，使飞船中的人和物体处于一种失重状态。宇航员在太空飞行，少则几天、几个月，多则一年甚至几年。长期处在失重条件下，会对人体产生许多不良影响。人在长期稳定的地心引力条件下生活，重力对人体各部分的作用不同，因而形成了一定的比例，骨骼结构的坚固性和它的功能，肌肉活动，体液分布的特点，保证了人体对重力的对抗，使人得以生存和发展。习惯于地球重力条件下生活的人，一旦进入失重环境，人体重量就会顿然消失，行动起来就会身轻如燕，犹如飞翔在空中，有"飘飘然"的新奇感，吃饭、喝水、穿衣、睡觉等一切活动同地球重力环境下有根本的区别。更为重要的是，在失重环境下，人的生理功能也要发生变化，如血液要重新分布，大量血液涌向上身，骨盐代谢紊乱，骨质会严重失钙，所以宇航员要坚持在太空中进行体能训练。多数初入失重环境的人会出现类似地面晕车、晕船的航天综合征。

失重并不会引起严重的生理障碍，这消除了失重危害人体安全的顾虑。只是人在失重条件下生活与地球上有许多不同，人必须从生活内容、生活方式、生活习惯上适应失重的变化，采用全新的方式进行。

真空环境

随着飞船离开地面高度的增加，空气越来越稀薄，大气压强不断下降。人在这种环境中生活，必须采取特殊的保障措施，如载人飞船必须"天衣无缝"，并在飞船内造就人工的小气候，与地球气候大致相似，以保证宇航员的正常生活和工作。考虑到飞船漏气和裂纹等故障时，不使宇航员暴露在真空环境中，宇航员必须身着宇航服，以加强自我保护。

氧气和饮水都需要从地球上运送或者随飞船携带。因此空间站之类长时间留轨的航天器都具有饮水回收装置，可以从尿液、洗澡水甚至粪便之类的东西里回收可以饮用的水。

而飞船上都有氧气发生板，可以将宇航员呼出的二氧化碳转换为氧气。这主要是为了降低飞船内的二氧化碳浓度，也可以稍微补充一点氧气。

噪声环境

航天噪声及其危害在发射上升阶段，主要是火箭发动机所产生的喷气噪声和飞船通过稠密大气层所产生的摩擦噪声。当发动机点火时，地面噪声最大，噪声以发射台为中心向四面扩散，这一阶段噪声持续时间为120秒。其中飞船起飞后60秒时总声压级最大，高达162分贝，其舱内噪声达125分贝。

在轨道飞行阶段噪声，主要来源于飞船舱内的生命保障体系。由于生命保障体系必须始终保持运转状态，因此噪声一直伴随着宇航员，其总声压达30~75分贝。

根据地面测定，人耳所承受的噪声是有限度的，声压超过140分贝时，会引起耳痛，超过160分贝，会损伤听觉机构。45分贝噪声会妨碍通话，30分贝以上的噪声，会干扰睡觉和休息。噪声声频若接近人体腹部的自然频率，还会造成人的内脏移动，导致肠胃紊乱，使人出现头晕和呕吐等病状。

在选拔宇航员时，必须对航天员进行噪声敏感性检查，检查是用航天飞行中遇到的噪声频率对候选者进行试验，淘汰有不良反应者。

太空飞行制定了专门的噪声容许标准。这些标准是：上升和返回阶段舱内容许噪声为125分贝，轨道飞行阶段容许噪声30昼夜飞行为60分贝，8昼夜飞行为75~80分贝。采取以下措施防止噪声的干扰，座舱壁衰减噪声30~40分贝，宇航服可衰减5~10分贝，头盔可衰减20~25分贝。这样一来，到达宇航员耳朵和身体表面的短时噪声强度就只有115~120分贝，是人体能够抗拒的。

空间站的组成及其内的生活环境

1971年4月19日，苏联发射了第一座空间站"礼炮"1号，从此载入太空飞行进入一个新的阶段。苏联的"礼炮"6号空间站是1977年9月29日从丘拉坦空间发射场发射的。初始轨道近地点219千米，远地点275千米，轨道倾角51.6度，周期89.1分。"礼炮"6号主要由一个服务舱和两个可居住的密封舱组成。这两个密封舱1个位于站体后边的过渡舱，1个是工作舱。工作舱系由两个不同直径的圆柱体构成，中间同舱间段连接起来。"礼炮"6号设有两个对接装置和20多个观测窗口，"礼炮"6号所装载的观测仪器设备，均比以前各型号所载仪器有所改进。当"礼炮"6号同两艘"联盟"号飞船对接后总长可达30米，总重约3.2万千克。

工作舱是空间站的中心。舱内设有各种仪器设备、控制中心、电传打字机及宇航员体育锻炼设施、医学监控设备、卫生设备、废品贮存容器、两架遥控相机等。过渡舱设有天文观测定向设备、照相控制设备等。在过渡舱和工作舱的舱间段中，装有生物医学设备，以及光谱仪、多光谱摄像机、两台黑白站内摄影机、3台站外摄影机和1台彩色摄影机。服务舱呈圆柱形，由螺栓固定在工作舱后面。舱内装有机动变轨系统、燃料箱、气箱、供电线路设备、姿态控制发动机、交会信标、电视摄像机、对接装置闪烁信号灯、无线电天线系统、太阳能电池帆板、对日定向设备等。工作舱长9米，直径2.9米至4.2米，容积90立方米，是宇航员工作和生活的居室。空间站自发射上天，先后有数批宇航员进入其间进行了时间不等的太空飞行。

为造成与地球相似的生活环境，宇宙飞船设计时采取了一系列十分可靠的技术手段。其一，模拟大气的混合比例，造成大气条件。太空的空气异常稀薄。在200千米的近地轨道，大气压力仅为地面的600万分之一。宇航员若无保护，就会体液沸腾，失去意识。因此，座舱大气的确定，是载人航天的一个重要考虑因素。为保证座舱内近似地球的大气环境，座舱采取一个大气压的氧、氮混合压力制度，用罐装气体或电解供氧的办法使座舱中氧气占80%，氮气占20%，保障宇航员每人每天所需的576～930克氧气。对每人每天呼出的约1000克二氧化碳，采用分子筛吸附等方法处理，规定其浓度不大于1%。其二，保持座舱内适当的温湿度。座舱通过自动调温、调湿和通风系统来实现温湿度的控制。座舱热源首先来自人体热，每人每天大约产生75～150大卡（314～628千焦），占总热量的1/3；其次太阳辐射和各种电子仪器散发的热量，也占到了1/3左右。除座舱壳体采取隔热措施外，还采用专门的热交换器，把多余的热量吸收和辐射出去，使温度维持在18～25℃。人体每天呼吸、出汗和皮肤蒸发排出水分1.5升，在座舱内形成水蒸气，如果不及时除去，会导致电路短路。座舱采取冷凝和化学吸收办法，使相对湿度控制在 30% ~ 70% 之间。其三，经常保持座舱卫生。人体日常代谢物达 400 种，和各种垃圾、废物混合在密封舱内，会造成环境污染，给宇航员身心带来危害，座舱采用物理吸附、化学吸收等方法排除空气污染。其四，在轨道上，飞船由于处于失重状态，气体自然对流现象消失。为维持人体热平衡，采取气体人工对流的方法，使气流速度保持在每秒 0.3 ~ 0.5 米左右。特别是头部，吹向眼睛的风速不宜过大。其五，种植植物和喂养动物，塑造鸟语花香的世界。如苏联先后在"礼炮"6 号和"礼炮"7 号空间站设置了特别温室，栽种了小麦、豌豆、葱、郁金香和兰花等多种植物，已证实在空间开辟绿洲的可行性。在太空作长期旅行，开辟空间绿洲，既给空间站提供生态环境，又可供给宇航员蔬菜、果品。

宇宙飞船座舱的小气候，是保证宇航员生命的至关重要问题。无论是美国的"天空实验室"还是苏联的"礼炮"号空间站，其座舱的温控问题，一直是宇航工程设计攻克的难题，在以往的载人航天中，都曾发生过这样或那样温度失控的现象，使宇航员的心理和身体受到威胁。除了在工程上完善温控设计，目前航天医学又从医学的角度提出了在宇航员训练中，适当地扩大身体对宇宙飞船座舱环境的适应能力，作为缓减宇航员对太空环境不适应的辅助手段。用双管齐下的办法，使宇航员适应座舱小气候，使小气候服务于宇航员。座舱微小气候的调节，目的是保证宇航员在太空生活和工作期间有一个舒适安全的环境。

➤➤➤ 知识点

近地点

近地点是指航天器绕地球运行的椭圆轨道上距地心最近的一点。近地点与地球表面的距离称为近地点高度。为避免航天器过早陨落，轨道近地点高度通常要超过 180 千米。在近地点时，航天器的势能最小，动能最大。

宇航员太空服的要求和制作

我们都知道，在中国"神舟"七号宇航员施行太空行走时，我们的宇航员身着的是价格不菲的太空服。

宇航员穿的太空服可不是一般的服装，它是保障航天员生命安全的最重要的个人救生设备。太空服又称航天服，按用途可分为舱内航天服和舱外航天服两大类，分别有软式、硬式和软硬混合式结构。相比之下舱内航天服的结构与功能较为简单，舱外航天服的结构复杂，具有更加全面的防护性能和功能。无论是舱内航天服还是舱外航天服，都必须选用特殊的材料，采用特殊工艺，经过特殊的加工、制作和各种试验后才能够完成，尤其是舱外航天服，造价可达上千万美元，真可谓是世界上最昂贵的服装。

宇航员在太空条件下，其装备应满足最为典型的条件：在 $\pm5℃$ 的气密座舱条件下飞行；适应在 $20℃\pm50℃$ 的不同的气候条件下。

实际上不可能制造出一种能保证在上述条件下生存的万能服装。所以，提供给宇航员的是各种配套的服装，可以根据面临的客观情况选用，如宇航员在飞行过程中自始至终使用的飞行服；舱内温度下降时和应急着陆（溅落）后所用的服装。

苏联宇航员采用的配套飞行服装包括：飞行服、保暖服、内衣、鞋袜。

1. 一般要求。

对飞行服的要求取决于它的用途。例如，贴身穿的内衣要柔软、吸水，具有良好的透汽性和透气性；而外衣则应坚固并可防止身体遭受机械损伤。必须根据服装的预定用途评价其主要的物理和卫生性能。对外衣的共同要求是：

（1）防寒。

（2）防止在舱内受到损伤。

（3）与其他装备（全压服等）协调。

（4）轻便，不限制活动，便于穿脱。

（5）长时间穿用不引起疲劳，美观、方便。

（6）人体排出的水分及气态产物容易透过。

（7）透汽性不足使衣下空气夹层内存留水蒸气，衣服潮湿积水。衣料的透汽性和透气性并非总是相容的。

给宇航员选择设计服装时，必须考虑到下列因素：

（1）在所有影响人体热平衡的因素中，最重要的是空气温度、相对湿度及运动速度。而且影响人体冷却程度的基本因素是空气温度，其他气候因素只能加强或削弱气温。因此，宇航服必须有调温、调节湿度的功能。

（2）在挑选保温服装材料时，必须考虑它的透气量，因为透气量对热阻大小有相当大的影响。

（3）服装的隔热、保温效果必须合适。

2. 宇航员飞行服的要求和特点。

考虑到飞行服的使用特点——每日穿用 16 小时，务必使之不限制身体活动。飞行服的穿用寿命受牢度（耐磨性）的限制，一般为 60 ~ 90 昼夜。飞行服上应在不同部位设置衣兜，以便存放各种物品。

苏联宇航员穿的飞行服系用纯丝织物制作，由上衣、裤子和套头衫组成。一套飞行服质量约 1250 克。

3. 出舱服的特点和要求。

在可靠性、气密性、活动性及对航天环境因素的稳定性方面，太空中，对出舱服衣体的要求比对应急全压服衣体的要求要高。

舱外服为航天员提供三方面的保障。一是辐射、真空、微流尘等环境的防护；二是生命保障，也就是要保持一个适合人生存的气体和温度、湿度环境；三是良好的功效保障，保证航天员穿着舱外服能开展维修器材等太空作业。

穿衣时间、出舱准备时间以及是否可供不同的机组人员穿用，对出舱服意义重大。穿软式服的宇航员要花费大约 1 小时进行出舱准备工作，而穿硬式服的宇航员则只需 10 分钟左右。软式服系按量体裁衣方式为各个成员单件制作，半硬式服则只有一个尺码，可供任一机组成员穿用。

宇航员的生产活动要求全压服使用更多的辅助轴承，以保护完成规定的工作内容。典型的就是腰部断开并装上轴承的全压服,宇航员穿着这种服装可以大弯腰和转身。

4. 中国的太空服。

中国媒体曾于 2007 年 6 月报道,300 平方米的太空服材料已经生产完毕。这种新材料能够防火与抗辐射。制造出来的新航天服不但适合太空行走,还非常舒服。这对于中国航天来说也是一大突破。现在中国自发研制的"飞天"航天服技术堪比美国。当然,这样的太空服价值不菲,据说每套高达 3000 万元人民币。

→→→ 知识点

宇航服的结构特点

宇航服在结构上分为 6 层:(1)内衣舒适层:要求选用质地柔软、吸湿性和透气性良好的棉针织品制作。(2)保暖层:保暖层用以保持舒适的温度环境。要选用保暖性好、热阻大、柔软、重量轻的材料。(3)通风服和水冷服(液冷服):在宇航员体热过高的情况下,通风服和水冷服以不同的方式散发热量。通风服和水冷服多采用抗压、耐用、柔软的塑料管制成。(4)气密限制层:气密层采用气密性好的涂氯丁尼龙胶布等材料制成。限制层选用强度高、伸长率低的织物。(5)隔热层:隔热层用多层镀铝的聚酰亚胺薄膜或聚酯薄膜并在各层之间夹以无纺织布制成。(6)外罩防护层:是宇航服最外的一层,要求防火、防热辐射以及防宇宙空间各种因素(微流星、宇宙线等)对人体的危害。这一层大部分用镀铝织物制成。

航天食品的要求和类型

太空中所有的物品都失去了重量,变得可以随处飘飞,就像空气一样。这样,宇航员就不能像在地球上那样可以随时取食,轻松地嚼咽,不然就会因食物不能下咽而卡在食道中间，危及生命。因此，科学家在研制宇宙飞船的同时，也研究制造了各种太空食品。

经过许多次的太空实践，科学家发现，太空食品要求营养丰富、卫生、进食方便。

航天食品的基本要求：一是粗食尽可能少，因为粗食不易消化；二是要吸收率高，残渣少，重量轻，体积小，营养丰富；三是必须在37.7℃的温度下放置6个月而不腐烂变质；四是必须符合宇航员的饮食习惯和口味，能引起食欲，吃得开心。

航天食品经历了由简单到复杂，由失真到仿真等一系列演变和改进，发生了很大的变化。

下面是美国"阿波罗"登月飞船上宇航员某一天的食谱。

第一次早餐：热咖啡；

第二次早餐：桃子晶、香肠馅饼、烤面包、鲜橘子汁；

午餐：杂烩、干酪、巧克力、可可果子汁；

晚餐：金枪鱼色拉、豆汁肉汤、巧克力点心、椒盐饼干、菠萝葡萄果子汁。

苏联"礼炮"号航天站上宇航员某一天食谱组成同美国航天员稍有不同。这些都是常规航天饮食，即宇航员在正常飞行情况下的"家常便饭"。除此之外，还有在穿着加压航天服时通过头盔进食孔食用的特制应急饮食，在飞船返回地面而无人救援时的备用救生饮食等。

载人航天开展以来，航天食品大致有以下几种类型：

1. 软管式半固体饮食。

将含有80%以上水分的肉糜、果酱、菜泥等装在软管中，管壁衬有罐头涂料，以防食物与铝管直接接触。每管重140～160克。食用时像挤牙膏一样将食物挤入口中。载人航天初期都采用这种形式，因为在失重条件下物体可能飘飞，如果食物飘飞，不容易抓住，宇航员就会望食物而兴叹了。而粉末状食物到处飘浮，会影响仪器设备的工作性能，眯眼、钻鼻，影响宇航员的工作，进入呼吸道还会影响健康。**软管状食品不产生碎屑，而且能顺利地送**

进口中，宇航员不至于饿肚皮。但是，这种类型的食品既看不到颜色，又闻不到香味，引不起食欲，不受宇航员们欢迎。

2. 压缩方块式食品。

食物经过压缩，用复合塑料膜真空包装。每块像方块糖那么大，食用方便，不需任何处理，也不会掉屑，还保持了地球食物的风格。

3. 脱水食物。

食物经冷冻、升华干燥，含水量一般在 3% 左右，由复合薄膜食品袋包装，在室温下微生物也难以生长繁殖，注水后可迅速恢复固有形状和颜色。这种食品，营养成分损失较少，比方块式食品更接近地球上的食品，但备餐手续较复杂。

4. 软包装罐藏食品。

鸡块、肉片、鱼片等经过蒸煮灭菌，用复合塑料薄膜代替金属材料包装。这类食物有一定的黏性，放在盘子上不会飘飞，可与在地球上一样进食。

5. 饮料。

饮料的种类很多，如咖啡、牛奶、橘子汁、葡萄汁、糖茶等。一般制成粉剂或颗粒装在塑料袋中，食用时加水即成。

6. 汤料。

虾仁、布丁等汤料装在塑料袋中，食用时注水即成。

另外还有桃干、梨干、苹果干等低水分食品。

7. 其他食品类。

(1) 胡桃黑李干　　　　(2) 苹果、李子、杏条等特制果脯

(3) 黑李干　　　　　　(4) 木瓜条

(5) 李子樱脯　　　　　(6) 糖茶

(7) 糖咖啡　　　　　　(8) 无糖茶

下面分别是美国、中国和俄罗斯航天员食谱。

美国航天员食谱

食品：苹果酱、杏干、芦笋、牛肉杏仁和甜食、咸牛肉、牛肉干、浇汁

牛肉、酸黄瓜碎牛肉沙司、牛肉小馅饼、烤牛排沙司、牛排、酸奶蘑菇烹制的牛肉面、黑麦面包、什锦风味糖果、干酪花椰菜、早餐面包卷、干酪菜花、麦片、玉米片、葡萄干、软干酪、鸡肉、鸡肉面条、鸡肉米饭、奶油脆饼、山核桃饼干、全麦饼干、炒鸡蛋、杏仁酥条、巧克力薄片条、奶油花生、法兰克福香肠、果料蛋糕、什锦小果汁、法式菜花青豆、青豆椰菜、火腿、果酱、空心粉干酪、辣酱烤肉、杏仁、柠檬布丁、花生、美味桃子、桃干、梨、奶油豌豆沙司、菠萝、咸味奶油布丁、烩肉米饭、大马哈鱼、香肠小馅饼、虾、虾仁、蘑菇奶油汤、面条、草莓、焖土豆、金枪鱼、卤汁火鸡、熏火鸡片、什锦意大利蔬菜。

饮料：苹果汁、可可、黑咖啡、奶油咖啡、奶油糖咖啡、糖咖啡、葡萄汁、柠檬汁、橘汁、橘子葡萄柠檬汁、草莓汁、茶、葡萄小果汁、配好的巧克力、柠檬糖茶、糖茶、热多味果汁饮料、可口可乐和百事可乐。

辛辣调味品：胡椒、盐、调味汁、调味番茄酱、辣椒、蛋黄酱、芥末。

尽管美国宇航员食品丰富多彩，但是宇航员食用时仍不断地埋怨食品味道不佳，向地面控制中心报告胃口不好，其滋味令人捉摸不定，有时偏甜，有时缺乏食物应有的香味，有时甚至味同嚼蜡。由于尚未揭示太空味觉变化之谜，现在美国航空与航天局只能依

"神舟"七号升空的瞬间

靠提供更多的调味品来帮助宇航员改善太空食物的味道。

为适应宇航员越来越挑剔的"胃口"，航天食品的开发正在日新月异地进行着。

中国航天食谱

在世界航天食品当中，我国的航天食品有中国特色，特别是传统的中式菜品，都尽可能出现在航天食谱中，相比西餐更加色香美味，可口宜人。主要有：八宝饭、陈皮牛肉、酱牛肉、莲子粥、绿茶、墨鱼丸、牛肉丸、牛奶等。

北京航天医学工程研究所航天食品分系统的专家介绍中国的航天食品的特点主要表现在：形式上是以中式食品为主，搭配成的航天膳食具有明显的中餐特色，符合航天员的口味要求，比如膳食有主食和副食之分，主食主要以米面类的食物为主，副食讲究荤素搭配，在加工上注重色香味形。如八宝饭，不仅风味独特、色泽艳丽，其中的莲子、桂圆等配料还有保健功能，具有浓郁的中国特色。

俄罗斯航天食谱

俄罗斯供应的食物很多是罐装的，加了蔬菜的羔羊肉，掺有大麦的牛肉（像一种夹肉面包），鲟鱼和鸡肉饭。太空舱中有微波炉，可以加热罐头，然后用起罐器将罐头打开，但是罐头盖不能取下（以免飞得到处都是）。罐头上没有可以将他们固定在桌子上的搭扣，所以在吃罐头时无法将它固定住。如果你打算腾出手的时候，你可以往罐头底部倒一些水，这样罐头就可以粘在桌面上。

还有很多其他的脱水食物，像特沃劳格（这是一种俄罗斯乡村的坚果干酪甜点）、蔬菜、意大利通心粉、西红柿、油炸米饭、小虾等等。你所要做的就是往袋中加水，等上几分钟，再将勺子插进袋子里吃这些食物。

俄罗斯汤、罗宋汤、牛肉大麦汤、辛辣羔羊汤等等，十分美味可口。在脱水食品复水时，要确信这些汤料和水已经完全融合，你需要将包装袋前后晃动，或抓住包装袋，上下拍打，利用离心力将水挤到袋子中。所以当你看到一名航天员抓住一个食品袋，并且上下挥舞，这不是他为午餐而兴奋（也许有这种可能），而是为了将食物和水混在一起。

特殊的航天食品

（1）备用食品。是指在发生特殊情况必须延长飞行时所用的食品。（2）应急食品。这种食品是指在飞行器发生故障时，航天员必须穿着航天服时所用的食品，也包括当航天员着陆后，降到远离人烟的地方，等待救援期间饮用的食品。（3）舱外活动中需要吃的食品。这是指存于头盔内颈圈部分的固体或半固体、流质供食器中的食品，供长时间舱外活动的航天员临时饮用的食品。

宇航员在太空中的洗澡

太空中洗澡

洗澡是保持身体清洁、促进人体健康的一种健身活动。较长时间不洗澡，人就会有不舒服的感觉，在太空也是如此。可是，在失重、水资源匮乏的太空舱中，宇航员享受洗澡的生活待遇并非易事。

作为个人卫生，洗澡是必需的。但太空中的水像银子一样昂贵，再加上以高昂运费送上天的洗澡设备，洗一次澡的代价是非常大的。宇航员一般一个星期甚至一个月才能有一次淋浴，这无论从费用、心情和身体舒适方面讲，都是一次高贵的享受。显然，少于一星期或一个月的短程航天是无法享受太空淋浴的，即使出了大汗，也只能用毛巾擦一擦身子。

1985年在"礼炮"7号航天站上生活了211天的苏联宇航员列别杰夫，在日记中对太空淋浴做了生动的描述。他说，为了洗一次澡，准备工作需要花好几个小时。

在飞船里的"宇宙浴室"，其实就是一个如同手风琴式的密闭塑料布套。它挂在飞船座舱卫生间的顶棚上。用时放下，不用时叠起来吊在顶棚上。顶棚固定有一个圆形水箱、喷头和电加热器。水箱内盛 5 升水，与飞船的冷热水管道相通。浴室的地板上有一双与飞船舱固定的橡皮鞋。淋浴时，宇航员必须首先把通到浴室外的呼吸管套在嘴上，用夹子把鼻子夹住，避免从鼻道或嘴服进污水。然后放下密封塑料布套，使浴室形成真空，防止水珠向外飘出。接着穿上拖鞋，固定在一个适当的位置。启动电加热器，把水箱中的水加热到适当的温度。而后打开龙头，让温水由上喷下浇在人体上。浴室的地板上有许多小孔，下面是废物集装箱，用于盛废物和污水。当废水箱的水满了之后，就会自动报警，由飞行专家操作排出舱外，或将废水送入废水净化设备进行处理，以图再利用。

美国"天空实验室"的失重淋浴室就是这种类型的，它放在轨道工场的实验工作区，是圆筒形的，外壳是布的。在不用时折叠成扁平的形状。淋浴室的底环固定在地板上，并有脚限制器，上面的环包括淋浴喷头和软管。宇航员在使用淋浴室的时候，在一个增压手提式水瓶中加满热水，然后把水瓶挂在天花板上。一条软管把贮水瓶连到一个手拿的淋浴喷头上，宇航员用手把圆筒形的淋浴室壁向上提到适当位置，就可以用液体肥皂开始洗澡。肥皂和水是定量供给的。宇航员韦茨是第一个使用淋浴室的人。他说，用的时间比预料的长些，但出来之后，身上散发出一种很好闻的气味。1973 年 6 月 8 日，韦茨和他的伙伴曾享受了一次特别难忘的太空热水浴。下午 6 时左右，在宇航员座舱，他跨进一个 42 英寸（1066 毫米）大小的圆环里。当他把圆环升高时，连在上面的淋浴布筒便像手风琴一样伸开。并把他罩住。把圆环固定在天花板上像盖子一样的装置上，打开喷头后，一种奇特的现象产生了。喷出来的水不是往下掉，而是散成浓雾般的珠滴四处飘荡。落到人身上和布筒上时发出"吧嗒吧嗒"的响声。水四处飘荡却不往下水道里流。韦茨淋水之后便关掉喷头用打了肥皂的毛巾搓洗，然后用剩下的水冲洗，最后开动水泵把污水从淋浴密封桶里抽出来，再用类似真空吸尘器的东西把附在布筒上的水吸走。洗澡过程前后用了一个小时，其中擦澡 15 分钟，而排除污水却用了 45 分钟。

美国航天飞机上的浴室是个浴罩，浴罩下部也安有抽风机。宇航员洗澡时打开淋浴龙头和抽风机，上面喷水下面抽水，会形成如同地面一样的淋浴效果。

俄罗斯和平号空间站的浴室像是一间桑拿室。宇航员进去后经过一段升温，使身体出汗，然后用湿毛巾擦洗。由于不方便也不舒服，"桑拿室"又改成了一个像睡袋一样的装置。宇航员洗澡时，袋内有清水和浴液射出，搓洗完毕后，可以打开袋下的抽风机，把脏水抽走。

宇航员在太空中的睡眠

平常简单的事情只有在它不平凡时才去描述它。睡眠在地球上是极其平凡的，但对宇航员来说，太空睡眠却是很不平凡的。

太空睡眠之所以不平凡，是因为那里的环境条件与地面上迥然不同。飞船绕地球飞行时，那里处于失重状态，这是造成太空睡眠与地面上不同的最主要的原因，另外还有昼夜节奏不同，以及存在噪声干扰等等。

在床位紧张时，常常听到这样的玩笑话：今晚上把你挂在墙上睡。在航天飞行时，这种睡眠方式一点没有玩笑的成分。在失重环境中，不管在什么地方（飘在空中、靠着墙壁、绑在床上）都可以睡眠。可是，许多人对飘浮睡眠不习惯。一位美国阿波罗飞船宇航员说："当你在睡眠中发现自己身体下面没任何支撑的东西时，你会有一种掉进万丈深渊的感觉。"同时，为了安全起见，最好还是睡在睡袋中，把睡袋固定在床上或墙壁上，以免到处飘浮，在飞船有速度变化和振动冲击时造成碰伤事故。考虑到人在地面上的睡眠习惯，美国在航天飞机上设置多层水平床铺，每个床铺长1.8米，宽0.75米，有一条能防火的睡袋，睡袋通过绳索和搭钩与床铺相连。睡觉时，钻进睡袋，拉上拉锁，用皮带系住腰部，就可以睡眠了。但是，许多人不习惯睡多层铺。一名欧洲宇航员说，当他在下铺睡眠时，感到好像在床底下睡觉一样。有的人宁愿睡在两层甲板中间的空格中。其实，如果把睡袋挂在墙上，照样可以很好地睡眠。如果将睡袋紧贴墙壁，睡眠时后背可以伸直，会感觉像睡在床铺上一样，只是垂直床铺比水平床铺多占用23%的空间。欧洲航天局设计了一种新睡袋，为双层充气睡袋。充气后，睡袋被拉紧，给人体施加一定的压力，这不仅可以改善胸部血液循环，还可以消除一种飘飘然的自由下落感。

在失重环境中，不管以什么姿势（平躺着、直立着、倒挂着、卷曲着）都可以睡眠。可是，如果完全放松睡眠，人的身体会自然微曲成弓形。大多数宇航员认为，身体微曲比完全伸直睡眠要舒服得多。但是，为了防止腰背病，还是后背伸直睡眠好。

在失重环境中，一切重量消失了，会感到头和躯体分离了一样，手臂也像在自由飘浮。一名苏联宇航员一次把手臂放在睡袋外面睡眠，醒来时在朦胧中发现两只手向他迎面飘来，吓出了一身冷汗。所以，睡眠时最好把手臂放进睡袋中。

在睡觉之前，航天员需要用一根带子将自己和睡袋固定在某个地方，否则睡着之后，由于呼吸气体产生的推力，会将航天员的身体推到空中，在封闭舱内飘来飘去。但也有航天员想享受一下这种飘飘欲仙的感觉，有意将固定在舱壁上的睡袋放松，只用一条绳子牵着，任其飘动，在睡觉中真正成了"夜游神"。

为了给航天员创造类似于在地面睡觉的感觉，在条件许可的情况下，可以让航天员躺在床上睡。国际空间站上就有专门用于放置床铺的卧室，床铺垂直安放在地板与天花板之间，床上铺有褥子，褥子上有睡袋，睡袋上还有通气孔。

在近地轨道飞行的载人航天器，一般90分钟左右绕地球飞一圈，也就是说，一个昼夜的周期只有90分钟，白天黑夜各45分钟，24小时内有16个昼夜交替变化。这种昼夜节奏的变化，使宇航员既不能"日出而作，日落而息"，也不能黑夜工作，白天睡眠。为了保持在地球上形成的生命节律，航天飞行中仍以24小时为周期安排宇航员的作息时间，一般8小时工作，2小时用餐，1.5~2.5小时锻炼，3.5~4.5小时自由活动，8小时睡眠。为了不使快速的昼夜节奏影响睡眠，宇航员在睡眠时应戴上眼罩。更先进的办法是用灯光亮度的变化来模拟地面上的昼夜节奏，以保证其能很好地睡眠。

在"神舟"五号飞船中，杨利伟睡了大约两个小时，其中熟睡阶段有半个多小时。但是，对于长期在太空生活的航天员来说，这样短时间的睡眠是不够的。保证充足和高质量的睡眠，对于航天员保持良好体力完成飞行任务至关重要。一般说来，航天员在太空中的睡眠时间比地面少一些。大部分航天员的睡眠是断断续续的。由于太空环境的影响，航天员一般是睡 1~2 个小时后就醒了，之后再接着睡 1~2 个小时或更多些。

同时，在飞船上，各种仪器设备工作时产生的噪声仍然会影响宇航员的睡眠。因此，在太空睡眠时还应戴上隔音帽。进一步的措施是将卧室与其他部分隔开，用消音材料降低噪音的强度。

为了使宇航员能很好地睡眠，地面上也会暂时停止与他们的无线电联系，以免打扰他们。在多人飞船上，一般采用轮流工作制，以保证每个人的睡眠。

尽管如此，仍有许多偶然因素影响宇航员的睡眠。如 1982 年 3 月，美国"哥伦比亚"号航天飞机飞行时，因座舱中的静电干扰，指令长洛马斯大部分时间都没睡好，静电的"噼啪"声也影响其他宇航员的睡眠，使大家十分疲劳。地面指挥中心不得不重新安排他们的日程。一些宇航员初进太空时，也会因兴奋而睡不好觉，也有因工作太累和其他种种原因而失眠的，这时就需要依靠药物的帮助了。

对太空睡眠问题，航天医学专家们已做了许多研究。科学家们已采取了许多可靠的措施来保证宇航员的睡眠，并在不断地加以完善。太空睡眠看似是个平凡的问题，但仍有许多问题需要进一步深入研究。

➤➤ **知识点**

宇宙飞船在太空中的失重现象

首先解释一下什么是失重。失重就是指某一物体对于支撑它的物体的压力或拉力小于自己的重力的状态，如果该物体对支撑它的物体没有压力或拉力那么就是完全失重状态。宇宙飞船在太空中没有物体支撑它，也就是说它对于支撑它的物体没有压力，因此是处于完全失重状态。没有物体支撑它，宇宙飞船为什么没有掉下来呢？那是因为地球对它的引力作为了它绕地球圆周运动的向心力。

宇航员在太空中的梦境

梦，是与睡眠紧密相连的一个问题，大概没有一个人是不做梦的。那么，每个人在太空都做梦吗？太空梦与地球梦有什么不同？太空梦与地球上的生活有什么联系？

苏联的太空医学生物学研究所的专家研究过许多宇航员的太空梦。他们的研究表明，宇航员的太空梦同地球上的梦没什么区别。几次上天飞行的苏联宇航员克利穆克，在太空梦见过和妻子、儿子一起在森林中采摘蘑菇，甚至还闻到了牛肝菌和变形牛肝菌的香味。宇航员贾尼别科夫和萨维内赫都曾梦见过在莫斯科近郊的家乡、星城宇航员训练中心和他们的亲朋好友。另一名苏联宇航员梦见过下大雨，而且这梦中的大雨把他惊醒了，使他辗转难眠。

至于太空梦境的颜色，许多宇航员都十分肯定地回答完全是黑白梦。第一名到太空行走的宇航员列昂诺夫，酷爱绘画，他两次到太空飞行，所做的梦没有一次是彩色的。

但是，世界上第一名女宇航员瓦莲金娜·捷列什科娃1963年6月16日到6月20日乘"东方—3号"飞船在太空飞行71小时，却未做过一次太空梦。

有的宇航员虽然没有做过太空梦，但却遇到过太空幻象。在太空飞行211天的苏联宇航员列别杰夫，一次在他刚刚睡下时，突然眼前一亮，冒出一片闪光，有时像十字架，有时像小球。这时如果想象某人的形象，他就会清晰异常地出现在眼前。为此，他后来有意做了试验，当眼前再次出现闪光时，他就回忆熟悉的地方和友人，结果一切变得非常逼真和亲近。这种状态可保持5～10分钟。

目前，科学家们对太空梦和地球梦一样没有清楚的了解，研究仍在继续。

太空中个人、公共卫生的处理

哪里有人类活动，哪里就有垃圾产生。载人航天也会产生垃圾，或许有些垃圾，当你在地球上时，可以毫不理会，但是，在密封座舱内，却都要小心，人排出的固、液、气体，卫生辅助品，头发，指甲，食物屑，包装材料，损坏的器具和仪器设备产生的废物，更换下来的仪器设备和零部件等等都是垃圾范畴。

放屁，是人的一种正常生理现象，但也是一种令人讨厌的生理现象，特别是那种污染空气的臭屁和发出较大声音的响屁。因此，即使在地面上，放屁也当检点。而在太空中放屁，更是一件很不简单的事。美国宇航局曾对放屁做了专门研究。每人每天平均放屁三次。一天放出的屁，重量约相当于一瓶牛奶。人之所以放屁，是肠内细菌在作怪。在水中放屁，可用玻璃瓶把屁收集起来进行研究。屁的成分包含有数百种气体，其中不少是对健康有害的。飞船的座舱是密封的，而且很狭小，放屁多了会污染座舱环境，使人心情不舒畅，食欲不振，甚至产生疾病。氢和甲烷等可燃气体多了还会发生爆炸。座舱当然有调节设备，但也会增加调节设备的负担，消耗更多的能源。在失重环境中，放屁的微小推力，还会把人推动呢！

因此，在太空环境下，宇航员要尽量少放屁，憋一憋，屁中的氢和氮可由肺部和皮肤排出，其他成分也可进入血液，最后由尿排出。但有时憋屁会让人感觉不舒服，甚至引起精神不振。这时，也不要随时随地放屁，最好是到厕所里去放。为了减少屁源，宇航员们应讲究个人卫生，进食时要细嚼慢咽，使食物在肠胃中得到更好的消化。航天食品应避免选择那些容易产生屁的原料。

在太空放屁难，宇航员在太空大小便更难。如果像地面上一样撒尿，由于失重，射出的尿碰到便桶会反弹回来，溅在宇航员自己的身上，飘浮在空中。拉出来的大便，也会到处飘浮。载人航天初期，宇航员将尿撒在尿袋中，然后倒掉；大便时，将袋口带胶布的粪袋贴在臀部上，大便完将用过的手纸和消毒水放入袋中，合上袋口，然后抛弃，或者用手将袋中的东西揉捏在一起，放在贮存箱中带回地面检验。加消毒水和揉捏是为了彻底消毒，不然粪便在袋中腐烂，产生气体，袋子膨胀，甚至将袋子胀破，就会污染环境。

经检验，这种方法是不可靠的，稍不注意，屎尿就从袋中飞出来。后来，这种情况得到了逐步改进，美国在"天空实验室"上装有侧孔式厕所，就是在舱壁上开一个口子安上便座，大便时双手抓住便座旁的把手，将臀部贴在便座上，粪便由气流抽入一个袋中，水分和臭气通过过滤网兜进入一个容器中处理。便袋中的干粪便就地处理或带回地面。小便则对准一个漏斗，尿通过一根管子被抽入容器中处理。

这种大小便方法是对男宇航员设计的，但是随着女性宇航员的出现，女宇航员在大小便时，会有很多不方便。要使妇女在太空失重环境中小便并符合卫生要求，是很不容易的一件事。为了解决这个特殊问题，美国宇航局对此进行了研究。根据获得的资料，为航天飞机研制了一个男女共用的马桶。马桶的前端安有尿收集器，以满足妇女便尿的要求。使用这种马桶时，臀部坐在便座上，然后把固定带系在腰上，双手抓住把手，小便和大便分别被吸入不同的桶里。把手旁有一个控制杆，可以调节吸嘴的空气流量。臭气经臭气过滤器排除。部分粪便进入样品收集袋中经冷冻贮存，带回地面化验研究。便后，便桶盖自动封闭，里面形成真空使粪便干燥，固体部分弃之舱外，液体部分经再生处理，作为使用水。

人的生活离不开水，暂时缺水，会到处污秽不堪；没有水，人类就不能生存。在太空飞行，每人每天大约需要消耗18.5升水，如果6名宇航员在太空飞行7天，则总共需要7770升水。要把这么多的水运往天上，花费是非常大的。因此，对长期多人航天来说，除数量极少的饮用水从地面上运送外，还需开辟其他水源。其办法之一是人工造水，目前的办法是使用一举两得的燃料电池。燃料电池是利用氢氧反应产生电的化学电池，氢和氧在催化剂作用下生成水。这种水先经过冷却器冷却到18℃~24℃，然后进入银离子消毒器净化处理，再送入贮水箱。美国航天飞机上有3个燃料电池，每小时可产生6.8升水，每天160升，可供6名宇航员使用。

另一个办法是回收和再生水。尿和洗澡用水是回收水的主要来源。每人每天约排泄 1.6 升尿，其中 96% 是水。目前常用蒸馏法再生水，就是将废水首先送入过滤器进行沉渣处理，然后在蒸馏器蒸馏，进一步去掉固体和有毒物质，再经过杀菌消毒处理，经化验合格后，放入贮水箱中以备使用。

在太空飞行，除了个人卫生外，封闭舱的环境卫生也非常重要，在狭小封闭的座舱中，甚至比地面上更重要。保持环境卫生，除了空气的自动净化外，密封座舱要经常打扫。保持环境卫生最困难的是垃圾处理。对短期航天来说，把垃圾收集起来带回地面即可；对多人的长期航天来说，如果不处理垃圾，小小的密封座舱很快就会变成垃圾箱。处理的办法目前有两种，一是将垃圾压实成块，像发射炮弹一样从航天器上发射出去。可是不是像发射卫星那样向上发射，而是向下发射，让其进入大气层中烧毁。这种"发射法"的优点是及时，不增加航天器的重量负担，而且可以防止垃圾腐烂发臭，滋生霉菌，污染空气，但需要添置必要的设备。另一种方法是将垃圾积存起来带回地面处理，苏联的"礼炮"号和"和平"号航天站就采用这种办法。"进步"号货运飞船的每次飞行，都要带回 1000 多千克垃圾。这种方法要支付一定的空间运输费用，而且要解决垃圾存放时的防腐、防霉和污染环境等问题。

太空中体育锻炼的进行

太空体育活动与地面上的体育活动有许多不同。首先，它有特别强的针对性。在地面上开展体育活动，其出发点自然是增强体质，但有时也是为了比赛或表演。当然，比赛和表演的目的也在于推动体育活动的广泛开展，以达到增强人民体质的目的。可是，这多少是拐了点弯儿。太空中的体育锻炼则不然，它有非常明显的针对性。

长期待在航天器飞行的失重环境中，人体的各个部分，包括骨骼和肌肉等，由于"用进废退"规律在起作用，无用武之地的肌肉会萎缩，人的体重会减轻，骨骼会丧失钙质，还会产生其他一些体质变化。这是人体对失重环境的一种自然适应（要是一直待在失重环境中，这不会成为什么问题。但在目前，人还不能总是生活在失重环境中）。进入太空的人总是要返回地面的。一旦返回地面，体质的这些变化就会成为一种病症。长期太空飞行的宇航员返回地面时要用担架抬下航天器，就是为了避免突然在地球重力作用下行走使缺钙变脆的骨骼碎裂或折断。有的宇航员在返回地面时，不能立即站立和行走，就是因为肌肉萎缩而无力反抗地球重力的缘故。苏联一名宇航员在太空飞行 6 个月后返回地面时，家人给他献了一束菖蒲花，他竟然无力拿起这束鲜花。

在太空进行体育锻炼，是对抗这种肌体病变的有力措施。苏联宇航员柳明，在完成 175 天的太空飞行之后不到 8 个月，接着又进行为期 185 天的太空飞行，由于他坚持体育锻炼，返回地面后，体重增加了 4.5 千克。在太空飞行 326 天的苏联宇航员罗曼年科，依照专家制定的体育锻炼程序，每日坚持锻炼，使脉搏经常稳定在每分钟 62 次，血压保持为 10～16.6 千帕（75～125 毫米汞柱）。返回地面时，体重仅减轻 1.6 千克，骨组织的光学密度虽下降了 5%，小腿肌肉体积缩小 15%，但都保持在规定的范围内。其他生理指标也一样。所以在返回地球后，他 3 小时便能自主地活动，第二天就和妻子一道散步。这比他 10 年前完成 96 天太空飞行归来的情况要好。可见，在太空中锻炼是十分重要的。

其次，在失重环境中进行体育锻炼是一件很困难的事。由于场地等限制，地面上的许多体育项目，在封闭舱中是无法进行的，如游泳、滑雪、滑冰、越野、爬山、球类等等。由于失重，地面上另外许多体育锻炼项目，如铅球、铁饼之类，可以不费吹灰之力推出很远很远，但达不到锻炼身体的目的。举重也一样，脚踩地面，手举杠铃，稍一用力，人和杠铃会一起飞走。即使将脚固定在地板上，人不飘浮了，但举起 500 千克重的杠铃也只是伸伸胳臂而已，与做操无异。大家可能见过一个人在另一个人的一只手指上倒立的太空生活照片，似乎那只手指力顶千斤，但那只是渲染气氛而已，其实倒立的人的重量为零。诸如此类，不费力气，当然达不到锻炼筋骨的目的。还有单杠、双杠、吊环、跳马，恐怕人人都会身轻如燕，生龙活虎般地进行一番，但最多也只能算是徒手动作表演而已。这大概是失重对体育活动的浓缩吧！

那么，目前在太空中，宇航员可以进行哪些体育锻炼项目呢？

其一是踩"自行车练功器"。自行车的车架是固定不动的，只有车轮可以转动。为了不使锻炼者的身体飘浮，需用安全带固定起来，然后双脚克服弹性带的弹力蹬动车轮，数字记功仪表通过传感器所做的功记录并显示出来。美国"天空实验室"和苏联"礼炮"号航天站上的宇航员每次踩自行车练功器做的功不得少于 4 ~4.5 千克力（44.1 牛）。

其二是在"微型跑道"上跑步。所谓"微型跑道"，只是一个皮带式的滚道。名为跑步，其实身体的直线位置是不变的，人站在滚道上，为了跟进滚动的滚道，需要克服 50 千克力（490 牛）左右的皮带的拉力。这是模拟人在地面上的体重。人在地面上跑步，正是骨骼——肌肉系统克服地心对人体的引力而达到锻炼的目的。在"微型跑道"上跑步，皮带拉力造成的负荷，可以使骨骼——肌肉系统得到锻炼。美苏都规定，每次在"微型跑道"上跑步的距离应达到 3000 ~4000 米。苏联宇航员罗曼年科在 11 个月的太空飞行中共跑了 1000 多千米。

其三是拉"弹簧拉力器"。大家知道，弹簧的拉力是与重力无关的力。因此，在失重环境中拉"弹簧拉力器"仍然需要用力气。太空中用的弹簧拉力器与地面上用的相同，一般有 5 根弹簧，每拉长 0.3 米要用 11 千克力（107.8 牛）的力。

另外，体操也是太空体育锻炼的一个主要项目。在载人航天初期，飞行时间短，座舱中没有配备体育锻炼器材，体操几乎是唯一的体育锻炼活动。苏联早期的"联盟"号飞船宇航员，每昼夜做两次体操，每次 30 分钟。随着航天时间的延长，每次体操的时间也延长到 60 分钟。

还有一种"准"体育器材，就是"负压裤子"。这种裤子可以密封，穿上后将里面的空气抽掉，造成下身负压，使在失重环境中往上涌的血液流向下肢，以避免真空状态下容易造成的下身病变。

太空中的体育锻炼要求是很严格的，因而也是十分艰苦的。各国宇航局都对太空宇航员的体育锻炼时间有明确的规定，地面指挥中心通过遥测系统对宇航员的体育锻炼情况进行监督和监测。

地面指挥中心不仅对宇航员的体育活动进行监督，而且对宇航员的整个身体健康状况进行监测。如地面指挥中心通过遥测系统可以监测座舱环境参数和宇航员的生理生化指标，通过电话询问和电视观察了解宇航员的自我感觉和神态表现。

飞船座舱里还设有测量心电图、血压、心音、心震、脉搏、体温、皮肤电阻、呼吸和分析语言的传感器，还有睡眠分析器，地面指挥中心可随时得到有关数据。另外，自行车功量计上的数据可以反映宇航员的新陈代谢机能，下身负压装置上的数据可以评估心血管的调节功能。地面医生分析所有数据后对宇航员的功能状况作出"正常""过度""危险"的判断，从而调整宇航员的作息时间和作出驻留久暂的决策。

1969年，美国"阿波罗"飞船在登月飞行过程中，地面指挥中心的医务监护人员，通过各种先进的遥测手段收集宇航员的生理生化指标并加以询问、观察，发现宇航员有鼻炎、胃炎、肠炎、流感、呼吸刺激、胃部不适和恶心呕吐等多种病症，及时通知宇航员采取既定的医疗措施，成功地进行了遥控治疗，保护了宇航员的工作能力和身体健康，保证了登月任务的胜利完成。

宇航员在太空中欢度新年

当人们在地球全家欢度新年的时刻，在那浩瀚的天空，宇航员也需和人们一样要享受节日的乐趣。

世界上第一批在太空过新年的人是美国的宇航员卡尔·波格和吉布森，他们是1973年11月16日随美国的"天空实验室"第三次发射进入太空的。直到1974年2月8日才返回，共在太空逗留了84天。这期间恰逢感恩节、圣诞节和新年。节日里他们除选择了美味的牛排、鸡和肉汁等天厨佳肴进行丰盛的会餐外，在新年这一天，卡尔和吉布森还进行了一项有意义的舱外活动，观测了科霍特彗星的运动，开创了人类在太空过工作新年的先例。

非常有趣的是，在太空新年的这一天，宇航员有十几次迎接新年。1977年12月20日进入"礼炮"6号空间站的苏联宇航员罗曼年科和格列奇科，当他们于12月31日在太空迎接新年的时候，他们在一昼夜里16次迎接新年，首先是和本国的堪察加人、西伯利亚人、中亚各共和国居民、乌拉尔居民、莫斯科人和苏联欧洲部分的居民迎新年，后来又和保加利亚、波兰、匈牙利等国和西欧各国居民迎新年，然后又和北美洲及南美洲的居民一起迎新年。迎新年机会如此多，使宇航员们心神不安，不知和哪些居民迎新年最合适，为了"不分散精力"和"不脱离工作太久"，经请示地面控制中心，乘员组决定按莫斯科时间只庆祝一次新年。按照这一计划，除夕之夜宇航员们在"蓝色星火"节目中与亿万电视观众见了面，按传统举杯祝大家"新年好"，并祝地球上的人诸事如意，喝了一口刺五加酒，然后吃节日晚餐，给新年增添了特别的喜庆气氛。

为何在太空会有如此多的迎新年机会呢？这是因为在太空飞行时的昼夜周期和地球上的昼夜周期是不相同的，太空上的昼夜周期是同航天器的轨道高度有关，高轨道昼夜周期长，低轨道昼夜周期短。载人航天器轨道是近地轨道，近地点约200千米左右，远地点约700千米左右，绕地球飞行一周约90分钟，即太空轨道飞行时的一昼夜约90分钟，那么相当地球一昼夜的24小时，就有16个昼夜变化，因此在太空就有16次迎新年的机会。

除了在太空迎新年外，宇航员还多次在太空度过了许多有趣的节日。例如，1985年11月28日，"阿特兰蒂斯"号航天飞机的机组人员，曾在太空欢度感恩节，他们的节日食品包括清炖鸡汤、熏火鸡、红莓酱、青豆、玉米、面条等，十分丰盛。未来的载人飞行中，随着载人时间越长，将会有更多的人享受在太空度过新年的乐趣。

人们都有自己的生日，你想过在太空中过生日吗？2005年10月12日，中国的"神舟"六号载人飞船成功发射。10月13日，航天员聂海胜在"神舟"六号飞船上度过了自己的41岁生日。这是中国首位在太空中过生日的航天员。

太空探索传奇和太空
开发设想

TAIKONG TANSUO CHUANQI HE TAIKONG KAIFA SHEXIANG

在太空探索上，人类缔造了一个又一个奇迹，谱写了一个又一个传奇，取得了大量的有目共睹的成就。这些成就一方面得益于人类科技的极大发展和严密的科学指导，另一方面也来自于个人的不懈努力和无私付出，多方付出才创造出这样不菲的成就。在太空开发上，科学家们立足于取得科研成果和科学推断，制订出可行的且有意义的计划或构想，以求获得新的发现和启示。

人类首次突破音速飞行

音速是声波在空气介质中传播的速度，飞机的飞行速度超过音速称为超音速飞行。超音速飞行曾是人类梦寐以求的愿望。第二次世界大战末期，一些战斗机的速度已接近音速。在空战中，往往连续俯冲而使速度进一步增高时，整架飞机就会突然发生颤振，操纵舵变得非常沉重，驾驶员稍一修正，颤振加剧，紧接着就是飞机突然爆炸。1946年11月19日，英国试飞员哈威兰驾驶DH-108"燕子"试飞接近音速时，造成机身破裂，机毁人亡。当时一个英国科学家说："音速……像是面前的一堵障碍墙。"于是，专业人士中出现了"音障"这个词。因此，突破音障，成为人们的一个飞行梦想。

1947年10月，明媚的阳光洒在木罗克大干湖上。湖畔，高高树立的雷达天线，不停地转动着。到处都是忙碌的身影。

这天，查克·耶格尔上尉将驾驶一架B-29型飞机飞上蓝天。B-29轰炸机是第二次世界大战中最大的飞机，能载10吨炸弹，所以素有"超级空中堡垒"的美称。可是，今天它肚子里可没有装弹，弹舱下是一架造型奇特的橘红色小飞机。这架被命名为X-1的火箭飞机，是美国贝尔飞机公司制造的冲击神秘"音障"的研究机。

年仅24岁的查克·耶格尔，1923年2月13日出生在美国弗吉尼亚州的米拉村。18岁那年，日本人偷袭珍珠港，他加入了美国陆军航空队。凭他的执著刻苦，两年后他得到了飞行徽章，很快被提升为上尉。不久他到欧洲参战，出击61次，13架德机葬身在他的炮火下。他没有什么"王牌"飞行员的招牌，虽然他早已超过击落5架敌机的标准。他有他的乐趣和志向，这就是飞行和飞机。

战争结束后，他到俄亥俄州德顿的莱特机场接受试飞员训练，因成绩优异而被选为X-1火箭飞机的试飞员。1947年8月6日，他第一次进行无动力飞行。B-29"母机"把他带到飞行高度放飞。他驾驶着那架X-1试验机靠惯性作无动力滑翔飞行。三周后，速度达到M0.85。又经过几次试飞，确定在10月14日进行超音速飞行试验。

10月11日夜，当耶格尔与夫人格莱尼斯骑马时，突然，路旁窜出一条狗，惊吓得马猛然一窜，把猝不及防的耶格尔摔在地下。幸好夫人无恙，当即扶他就医。经过医生的X光检查，断了两根肋骨。为了独享X-1试飞胜利的荣誉，他镇静地对医生说："试飞就是我的命。我能为这点小伤不要命嘛!"医生跟当局商量后，决定让他参加3天后的飞行，也可以说，这是同意他用生命去与"音障"拼高低。

X-1试验机静静地挂在"母机"下。它翼展8.55米，身长9.45米，机高3.26米，圆滑的外形简直就是一枚炮弹。它是专门为突破"音障"设计的。它装载的混合燃料，只能维持150秒的动力飞行。由"母机"带它到空中投放，然后滑翔降落。设计者命名它为X-1，耶格尔却用爱妻的名字——格拉莫罗·格莱尼斯命名它，这不仅是感激她对自己的知遇之恩，还是表示自己对试飞这个冒险工作的赤诚与理解。

这是人类第一次超音速飞行的尝试，每前进一步都充满风险。其实，接近音速的危险性早为飞行员所熟知。

耶格尔在驾驶椅上坐定，穿起抗荷服。这种笨重的服装如同潜水服一样，一顶圆罩形的头盔，上面连着氧气管、无线电耳机和送话器等。超音速飞机1秒钟要飞行340米以上，以这样高的速度盘旋和俯冲时，由于离心力的作用，飞行员可能受到18倍重力加速度的过载，血流流不到头部，会引起黑视和昏厥。抗荷服可以自动充气，约束飞行员的腹部和下肢，防止内脏器官变形。

"检查仪表，准备！"

"最后5分钟，高度7800米！"

母机B-29上不断发来无线电指令。为了使X-1飞机在投放前获得必要的初速，笨重的轰炸机摇了摇身子，进入俯冲。

"10秒、5秒、3秒……投下！"

吊钩剧烈地震动了一下，耶格尔和X-1一起被投出，离开了B-29飞机的庇护。灿烂的阳光立刻射进小飞机的座舱。肋部骨折的伤痛和腰胸之间厚重的包扎，使耶格尔无法伸手抓住舱盖下方的闩锁，幸亏机械员想得周到，已给他装了一根两英尺长的把手。耶格尔操纵着X-1飞机，开始平稳地在空中滑翔。

"情况良好，启动！"

耶格尔迅速把飞机拉平，点着了火箭发动机。X-1飞机上装有4台火箭发动机，推力2700千克，使用的燃料是危险的液氢和酒精。第1台、第2台、第3台……4台发动机相继启动，激烈的爆音像雷鸣一般，飞机的尾部拖出一股长长的白烟，推开空气，像一支利箭猛烈地向前冲。

乘风驭气奔如雷。此刻的耶格尔，驾着 X-1 飞机，以每小时 900 多千米的速度在平流层飞行。深沉的暗紫色天幕上，无数的星星在不停地闪动，更增添了它的神秘色彩。坐在密封舱里的耶格尔，听不到惊雷似的吼声，只觉得有一只巨手将他紧紧地压向坐椅，眼前的速度计和马赫数计的指针不停地移动。

"M0.8、0.9、0.94"——飞机出现一阵颤动，升降舵不听使唤。耶格尔虽久经沙场，但心里也不免紧张，是不是那种可怕的"颤振"光临了。

地面指挥室内也笼罩着紧张气氛。X-1 是当时美国空军的最大秘密，标志着最高科学水平。指挥员、科学家们通过雷达和自动仪器监视着 X-1 飞机的一举一动，通过无线电不时地发出指令，提醒耶格尔。

耶格尔很快恢复了镇静。他用改变水平安定面来操纵飞机。飞行速度继续增大，M0.97、0.98……突然，飞机停止了强烈的振动，马赫数计的指针稳稳地越过了 1.0。耶格尔长长地吐出一口气。啊，X-1 突破了"音障"。

这时，飞机的燃料几乎用完，身子变得轻盈了。可是它仍在加速前进，高度达到 12800 米，最大速度达到每小时 1078 千米，相当于马赫数 1.015。B-29 还在空中盘旋。小巧的 X-1 开始向着干湖返航。机轮刚一触地，飞机后面立即撒出一张阻力伞。

耶格尔踏出机舱的那一刻，兴奋的人们呼啦啦地围了上来，热烈地和他拥抱欢呼：

"啊，并没有什么空气墙！"

"啊，音速是可以超过的！"

妻子格莱尼斯手捧鲜花，眼含着热泪，向他跑来。耶格尔冲开人群，疾步向前，用力地拥抱着她，吻着她……

美国人突破音速飞行的消息轰动了全世界。

此后 40 年间，耶格尔在妻子的支持下，一直从事着他认为有刺激性的试飞工作。1948 年 3 月 26 日，他驾驶同一架 X-1 达到每小时 1540 千米的最大速度，荣获 1947 年度航空技术最高成就奖——科利尔奖。1953 年 12 月 12 日，他驾驶改进的 X-1A 飞机在 22000 米高度达到 2600 千米/小时的速度，相当于 M2.44。1963 年，他驾驶经过特殊改装的 F104 型超音速战斗机，为寻找克服飞机上的飞行动力缺陷的办法，冒生命危险在 3 万多米高空以两倍音速飞行，结果进入螺旋不能改出。飞机坠毁，他却奇迹般地死里逃生。

1982 年 6 月，耶格尔开始担任诺斯罗普公司顾问，不久又亲自试飞了该公司研制的 F - 20 出口战斗机。这是他飞过的第 179 种飞机，总飞行时间累计达 11000 小时。人们都称他是年龄最大、资格最老的试飞员。

▶▶▶ 知识点

超音速飞行

音速也叫声速，指声波在媒质（介质）中传播的速度。音速不是一个固定的值，其大小因媒质的性质和状态而异。一般说来，音速的数值在固体中比在液体中大，在液体中又比在气体中大。音速的大小还随大气温度的变化而变化，在对流层中，高度升高时，气温下降，音速减小。在海平面，音速约为 1224 千米/小时。在航空上，通常用 M（即马赫：物体运动的速度与音速的比值）来表示音速。超音速飞行就是指飞行器以 1~5M 的速度飞行。现代的军用飞机很多都是以超音速飞行的。

6 次翱翔太空的英雄

美国佛罗里达半岛，坐落着美国最大的航天发射场——肯尼迪航天中心。她从 1958 年把美国第一颗卫星送入太空起，曾频繁地把人造地球卫星、宇宙飞船，还有"阿波罗"登月飞船送上无垠的太空，以辉煌的成果闻名于世。

1981 年 4 月 12 日，世界航天技术史上新的一页，又要在这里揭开。第一架航天飞机"哥伦比亚"号将从这里启程，去周游太空。

航天飞机是世界上第一个可供重复使用的航天器，它将使往日的空间边疆，成为容易进出的圣地。它的首航，自然引起了人们极大的兴趣，而它的指令长——航天飞机的首席试飞员，将由谁出任，更为世人瞩目。

美国早就有合适的人选了。他就是 51 岁的老航天员约翰·扬。航天飞机是首次航天，可约翰·扬却是第 5 次上天旅行了，有人说是他交了"航天运"。其实，好运气历来只垂青有准备的人。约翰·扬 1930 年 4 月出生在旧金山市，自幼喜爱体育运动，曾是奥兰多中学足球队的首度后卫，航空模型小组的尖子，身体棒得像条公牛。同学们戏称他"约翰牛"。1955 年，他以优异成绩获航空物理学学士学位后，一心向往空中生活，成了海军航空兵的试飞员，曾创造过不少飞行纪录。在空中生活的道路上，留下了值得回忆的脚印。

1962 年 4 月，美国航空航天局为"双子星座"计划和"阿波罗"计划招收航天员。条件是身高不超过 1.83 米，年龄 35 岁以下，具有物理、工程或生物学学位，并有喷气式飞机的飞行经验。年已 32 岁，身高 1.75 米的约翰·扬毅然报名，这时他的条件并不突出，竞争形式不是很乐观：200 多名申请者竞争为数不多的名额。经过航空航天局审查，有 63 人符合基本条件，进一步考查，剩下 32 人，后经休斯敦载人航天中心检查和评定，约翰·扬作为 9 名佼佼者之一，跨进了太空生活的门槛，成为美国第二批航天员。

1965 年 3 月 23 日，约翰·扬和弗吉尔·格里索姆驾驶"双子星座" 3 号飞船进入太空。这是美国的第二代飞船的第一次载人飞行。飞船上载有 16 枚火箭，可用它们机动飞行，甚至改变轨道。约翰·扬和格里索姆驾驶飞船绕地球飞行了 3 圈，进行了上升、下降、前进、后退和左右转动等操纵，历时 4 小时 53 分钟，最后溅落在海面上。35 岁的约翰·扬顺利地完成了他的第一次航天任务，踏上了航天事业的坦途。

尽管在 1964 年的 10 月前，苏联已实现了载 3 人的太空飞行，列昂诺夫又刚刚成为第一个在太空行走的人。但约翰·扬等完成的美国首次双人太空飞行，仍然使他们成为美国和世界上的新闻人物。他们的名字、照片，在他们返回地球后大量地出现在电台、电视台和报刊上。

有了这样的成功经历，他也踌躇满志，雄心勃勃。经过休整后，立即开始筹备第二次航天旅行。1966 年 7 月 18 日，约翰·扬和迈克尔·柯林斯驾驶

"双子星座" 10 号飞船第二次进入太空。在他们绕地球的 43 圈飞行过程中，完成了与运送他们的末级火箭阿金纳会合对接任务，并且从阿金纳末级火箭上取回了一个收集微流星的箱子。整个飞行历经 70 小时 46 分 39 秒，创造了载人飞船飞行时间的新纪录。

美国航天先驱罗伯达·哥达德曾留下一句名言："很难说什么是可能的。因为昨天的梦想，是今天的希望，明天的现实。"约翰·扬早就读过先驱者的著作，回想起自己两次环地飞行所显示出的惊人智慧、良好体魄，他对自己和航天事业更充满了自信。1969 年 5 月，美国的"阿波罗"登月飞行进入了紧张的阶段，需要做登月前后的最后一次飞行。他又一次被选中。5 月 18 日，他担任指挥舱驾驶员，与斯塔福德和塞尔南一起，乘"阿波罗"10 号飞船，脱离地球轨道，以每小时近 39000 千米的速度飞向月球。飞船减速进入月球轨道后，约翰·扬他们开动摄像摄影机，向遥远的故乡——地球，播发了 29 分钟的彩色电视。人们看到了飞船飞过月球表面的情形。原来月球上既没有江河湖水，也没有空气，只有高地和充满坑穴的平原，还有温差达 310℃的低温和酷热。接着，塞尔南和斯塔福德进入登月舱，并与指挥舱分开，下降到离月面 14000 米的高度，几次以每小时 6000 千米的速度掠过月面。在第二次低空掠过月面时，出现了一些惊险和精彩的场面。由于一个操纵开关安装错误，爆炸螺栓突然爆炸，自动地将登月舱的下半截抛开，使上半截迅速地旋转并前后颠簸起来。塞尔南惊呼："狗娘养的，到底发生了什么事？"这句本能的粗野话，事后使他受到人们弹劾，一名神父给尼克松总统写信，要把他从登月计划中除名。斯塔福德以为自动驾驶仪出了毛病，他改用手动操纵，经过约一分钟的时间，飞船才稳定下来。约翰·扬驾驶指挥舱绕月球飞行了 3 小时，与返回的登月舱进行会合和准确对接后，飞船又用一整天时间在离月面 100～120 千米的高度上继续围绕月球轨道飞行，后抛掉动力舱向地球回航。这次任务共经过 192 小时 3 分 23 秒，进一步验证了除实际着陆以外的全部登月程序。5 月 26 日溅落在太平洋上，直升机航空母舰"普林斯顿"号正在那里等待着他们。

约翰·扬第 4 次进入太空，是继阿姆斯特朗之后，在 1972 年 4 月 16 日与托马斯·马丁利和查尔斯·杜克驾驶"阿波罗"16号飞船的登月飞行，约翰·扬担任指令长。4月20日他与杜克在月面中央高地笛卡儿环形山附近着陆，在月面停留71小时零2分。其中舱外活动20小时14分钟，3次使用月球车行走了27千米，对月球高地进行探测，搜集月球岩石90千克，建立了第一个月球观测台，还施放一颗小型科学卫星进入绕月轨道飞行。总飞行时间为265小时51分5秒。4月27日回到地球。

这次登月飞行在当时被称做"迄今最成功的宇宙航行"，但也碰到了各种各样的困难，充满了惊险。由于无意中将测量月球内部热量仪器的电缆拉断，安置试验设备的工作前功尽弃。绕月飞行的指挥舱，由于一项设备失灵，未能完成对月摄影工作。约翰·扬和杜克回到指挥舱后，又因为一个电闸打开了，登月舱未能按原计划再次落回月面进行月震实验。约翰·扬为此非常遗憾。

1978年1月，年已48岁的约翰·扬，壮心不已。在驾驶宇宙飞船环地和登月飞行后，继续向新的目标前进，开始接受航天飞机飞行的全面训练。尽管他已是4次上天的"老航天员"了，但仍要接受体力、智力、飞行生理和基础理论等方面常规和特殊的严格训练。每周有25小时航空、航天和天文方面的课程，还要熟读长达21卷不断改动的航天飞机操作手册。尽管他有12000小时的飞机飞行经验，但为了体验巨型飞机的飞行感受，他还是抽出许多时间去驾驶装有反向推力器和横压发生器的"墨西哥1型"飞机，反复进行各种练习。为了熟悉航天飞机上的5台计算机和各种仪表、开关，他与克里平在航天飞机模拟舱里练习了1200多个小时。

雄心、汗水和智慧换来了新的高度。坐在航天飞机座舱内的指令长约翰·扬，平静地等待着升空时刻的到来。

"轰隆隆、轰隆隆……"当地时间1981年4月12日上午7时整，随着一声地动山摇的吼声，"哥伦比亚"号点火起航，拖着火舌，转瞬间进入约280千米的近圆形空间轨道。这种航天飞机集火箭、宇宙飞船和飞机技术特点于一身。它既能像火箭那样垂直发射进入空间轨道，又能像宇宙飞船那样运行于太空，也能像飞机那样再次进入大气层滑翔飞行和水平着陆，是世界上第一个可重复使用的多功能新型航天器。因此，全世界都对它的首航非常关注。来自美国和世界各地的百万参观者，很早就汇集在卡纳维拉尔角沿海几十千米的地方，等待着它的成功，盼望着有一天能坐上它去遥远的天际旅游。当翘首仰望航天飞机消失在天际，随后又听到它入轨的消息后，发射场周围一片欢腾，爆发出经久不息的欢呼声。

约翰·扬和驾驶员克里平一起，驾驶着"哥伦比亚"号在太空飞行了两天多，绕地球 36 圈，对航天飞机的各个部分进行了试验。4 月 14 日，他们成功地在爱德华兹空军基地着陆，等候在干涸湖床上的 20 万兴致勃勃的人群，顿时激动得蹦跳起来。

太空英雄中的英雄约翰·扬

航天飞机的首航成功，被誉为"航天史上的里程碑""开辟了航天新纪元"，各种新闻媒介做了大量的报道和评论。约翰·扬的名字随同航天飞机升入了更高的太空。

1983 年 11 月 28 日，身为美国宇航局航天员办公室主任，约翰逊航天中心管理主任的约翰·扬，年已 53 岁的他再一次担任航天飞行的指令长。他与布鲁斯特·肖一起，驾驶"哥伦比亚"号飞行了 10 天又 7 个小时，这是航天飞机飞行时间最长的一次。机舱内第一次运载了重 1.7 万千克的欧洲航天局制造的空间实验室，其上共有 73 项基本研究项目，实验获得了成功，也取得大量数据。

从 1955 年算起，约翰·扬经历了近 30 年的航空航天生活，迄今为止驾驶过航空飞机、宇宙飞船、航天飞机等航空航天器，先后作过大气层飞行和 6 次环地、环月及登月飞行。

曾经和约翰·扬一起驾驶"哥伦比亚"号太空飞船执行过任务的鲍勃·

克里潘表示，在和他一起执行过飞行任务的数十名宇航员中，约翰·扬已经被他们视为一种精神力量。克里潘说："如果说在他们之中有一位英雄的话，那么这位英雄就是约翰·扬。在人类太空飞行史上，没有别的人享有比他更高的尊崇。"约翰逊航天中心负责人杰斐逊·豪厄尔则评价说："他是宇航员中的翘楚，是太空英雄中的英雄。"

知识点

"双子星座"计划

"双子星座"计划是美国于1961年11月至1966年11月实施的太空探索计划。其主要任务是研究、发展载人登月的技术和训练航天员长时间飞行及舱外活动的能力。该计划历时5年，完成了10次环绕地球轨道载人飞行，每次2人，共耗资接近13亿美元。"双子星座"计划是一项既具过渡性又具独立性的计划，它取得的许多开创性的成就为"阿波罗"登月计划提供了极其宝贵的经验和科学技术成果。

对外星人的猜测与寻找

有关外星人的报道时常见诸报端，很多人声称见过UFO，甚至见过外星人，同时他们也拍到了各种各样的有关飞碟的照片。这一切到底是真是假，外星人真的存在么？

据自称见过外星人的人们描述，他们所见到的外星人大多是一些个子矮小、脑袋圆大、嘴巴窄长如裂缝、身穿紧身衣的类人生物。但也有人声称他们见到的外星人是高大的巨人、机器人状怪物、满身长毛的怪兽甚至美丽的裸女。对这种现象，有人认为这些外星人不止来自一个星球。另一些人则认为，地球上绝不可能有这么多不同种类的外星人同时光临，这种混乱的描述正说明外星人的说法是不足为据的。还有一些人认为，这些确有相当一部分

电影中的外星人与人类交往

不足为信，但仍有一些可以确认是真实的。

更有一些人则热心于寻找外星人在古代留下的痕迹。他们认为撒哈拉沙漠壁画上人物的圆形面具、复活节岛和南美的巨石建筑以及金字塔等种种无法解释的史前奇迹都与外星人有关。还有的学者提出人类是外星人的后裔，或人类中一些民族（如玛雅人）是外星人与地球人合婚的后裔等种种观点。但这些也只能作为猜测和假说，其中大多数仍缺少足够的证据。

天文学家们虽然认为，在地球以外的别的星球上出现智慧生命，完全是可能的，但却对世界各地常常有人遭遇外星人的消息嗤之以鼻。生命进化过程千差万别，外星智慧生命的演化形态很可能与人类完全不同，其掌握的科学技术也会与人类完全两样。而且这些可能产生智慧生命的星球，离地球的距离都在几千或几万光年。因此以为每年甚至每天都有外星人来访的说法，更是完全不现实的。

外星人是人类对地球以外智慧生物的统称。在许许多多的宇宙奥秘中间，外星人（又叫地外文明、地外智慧生物）恐怕是人们最想知道的一大奥秘了，他不仅使普通人激动难忘，也牵动着许多科学家的心。早在1900年，法国科学院就悬赏10万法郎寻找"火星人"以外的外星人。因为当时人们认为"火星人"的存在已是肯定的了。四五十年后，又有一家叫做"可蒂·沙克"的英国公司悬赏100万英镑，获取外星人的确切证据。但至今没有人能得到这些悬赏。

那么，外星人是否存在呢？

太阳系有8大行星，但明确处在能有条件形成生物的所谓生态圈内的只有地球。金星和火星位于生态圈边缘，现已探明它们的表面都没有生物。

那么太阳系以外呢？一部分科学家认为有，他们的主要论据，粗略地说是，生命演化的过程是在整个宇宙范围内进行的，宇宙中有许多天体具有生命发展的条件。因此，生命是宇宙中的普遍现象，在银河系中就有 10 万到 20 亿处可能存在着智慧生物，而且 9/10 的地外文明都超过地球文明几百万年，因为太阳系在银河系中是较为年轻的。

现在我们看到了，智慧生物的诞生要求恒星必须至少能在约 50 亿年时间内稳定地发出光和热。恒星的寿命与质量大小密切相关。大质量恒星的热核反应只能维持几百万年，这对于生命进化来说是远远不够的。只有类似太阳质量的恒星才是合适的候选者，银河系内这样的恒星约有 1000 亿颗，除双星外恒星大约是 400 亿颗。恒星是否都有行星呢？遗憾的是我们对其他行星系统所知甚少，但是确已通过观测逐步发现一些恒星周围可能有行星存在。考虑到太阳系客观存在，甚至大行星还有自己的卫星系统，不妨乐观地假定所有恒星都带有行星。

有行星不等于有生命，更不等于有高等生物。关键在于行星到母恒星的距离必须恰到好处，远了近了都不行。由于认识水平所限我们只能讨论同地球有类似环境条件的生命形式，特别要假定必须有液态水存在。对一颗行星来说，能具有生命存在所必须满足的全部条件实在是十分罕见的。太阳系中地球是独一无二的幸运儿。详细计算表明，在上述 400 亿颗恒星中，充其量也只有 100 万颗的周围有能使生命进化到高级阶段的行星。

另一个限制条件是地外生命应该与地球上生命有类似的化学组成。天文观测表明，除少数例外，整个宇宙中化学元素的分布相当均匀，因而完全有理由相信在遥远行星上也能找到构成全部有机分子所需要的材料。事实上已经在不少地方发现了许多比较复杂的有机分子。因而人们可以认为，生命在某个地方只要理论上说可以形成，实际上也确实会形成。于是银河系中就会有 100 万颗行星可能有生命诞生，不过每颗行星上的生命应当处于不同的进化阶段。

另一些科学家认为没有，他们的主要论点是，生命形成需要几亿年的时间，而只有液态水才能孕育出高级生命。在一般情况下，由于自然环境的变化，液态水不可能保持这么长时间。有人通过计算机作过模拟实验，结果是，如果地球与太阳的距离比现在近5%，液态水就会被蒸发掉，变得像现在的金星一样；而如果再远1%，则液态水就会被冻结成冰，像现在的火星一样。因此，他们认为地球上的生命是宇宙中的特殊情况，是一种偶然现象。地球人类能发展起来，实属万幸。反过来说，如果确有地球外的高级智慧生物存在，它们的发展又比我们早几百万年，应该早就来到地球了。因为银河系的半径只有5万光年，即使他们以1%光速的速度航行，走过银河系也只要五六百万年。可是我们至今没有找到外星人来过地球的任何证据。

当然，没有外星人来过地球不等于没有外星人。也许由于各种原因他们暂时来不了或不愿意来地球。到底有没有外星人，只能用证据来说话。

为了寻找外星人的证据，科学家们主要做了两方面的工作：一是"收"，就是收听是否有外星人发出的无线电信号；二是"发"，就是向外星人发送人类的信息。

20世纪50年代以来，已有35个监听站在收听是否有外星人发出的无线电信号。1960年，美国康奈尔大学的天文学家德雷克搞了个"奥兹玛"计划，就是用直径30米的抛物面天线，对离地球较近的鲸鱼座T星和波江座£星进行了400小时的无线电监听。此后，美国、英国、日本和加拿大等国的科学家又对1000多颗星球和一些星系作了无线电探测。苏联也系统地监听过外星人的信息。但上述探索活动都没有结果。

1967年英国剑桥大学毕业生贝尔在监听外星人的无线电信号时，在3.7米的波长上发现一种有规律的空间脉冲信号，以1.337秒的间隔从狐狸座方向传来，他欣喜若狂，以为这就是外星人与地球人联系的信号，他庆幸自己首先发现了外星人的踪迹，立即向新闻界发表了他的发现，并将这种外星人称为"小绿人"。各国报刊纷纷登载了这条消息，"小绿人"在全世界引起轰动。接着，又陆续在其他天区发现好几个这种快速脉冲射电源。但是，经过系统观测，贝尔和他的老师——英国射电天文学家休伊什终于弄清了这些脉冲是中子星发出来的。所以中子星又叫脉冲星。

　　"小绿人"虽然是一场"虚喜",但科学家们并没有因此放弃希望。从1968年开始,苏联对外星人进行了更全面的探测活动。1971年在布拉干召开了"探索地外智慧生物会议"。20世纪70年代,美国国家射电天文台又主持了"奥兹玛Ⅱ"计划,对距地球80光年内的600颗星球轮番进行了详细观察和测量。

　　1979年,美国又在马里兰召开了"探索地外智慧生物会议"。1981年,法国还进行了发现外星人信号的模拟演习。这年12月,苏联又在塔林召开了"探索地外智慧生物国际学术会议"。1982年,在维也纳召开的联合国第二届和平利用外层空间大会上也讨论了外星人问题,并在名为《宇宙科学当前与未来状况》的备忘录中,写有"寻找地球外的文明"一节。这年8月,国际天文联合会成立了"宇宙生命探索委员会",由美国波士顿大学的贾尼斯任主席,德雷克任副主席。委员会计划用分布在世界各地的射电望远镜持续探测10～20年,系统地观察100多万次。

　　1985年9月,哈佛大学奥克里奇天文台又实施了"米塔"计划,用840个无线电频道,以每天半度的速度,对整个天球扫描,搜索外星人的信息。它的规模相当于一分钟完成100万个"奥兹玛"计划。但是,规模更大的活动还在后面,那就是于1992年开始的"寻找外层空间智慧生物计划"。用世界上最大的射电望远镜(直径305米,10万个频道)和深空跟踪网,全面、重点地截获宇宙中的无线电波,然后用计算机分析处理,从其中寻找外星人发出的信息。

　　以上是接收外星人发出的信号。科学家们还发出信息,代表地球人类与外星人联系。1974年,在阿雷西博巨型射电天文望远镜落成典礼上,向外星人拍发了第一封电报。这封1679个字的二进制数码电报是拍给距我们25000光年的武仙座梅西尔13号星团的。当然,要假设那里有外星人,也能收到电报,而且愿意与我们联系。但由于距离遥远,现在的人类是没什么指望收到回电的。

　　1972年3月和1973年4月,美国先后发射了"先驱者"10号和11号探测器(飞船),它们除在太阳系进行探测外,也携带有给外星人的"人类名片"。那是一块长13.5厘米、宽7.5厘米的镀金铝片,上面标出了太阳系在银河系的位置。还包括飞船从地球出发后的飞行路线、与地球对应的14颗脉冲星、地球上普遍存在的氢元素的结构符号、地球人男女裸体像及其与飞船的比例。这张"名片"在宇宙中经历亿万年仍可清晰辨认。如果外星人发现这张"名片"，就可按照上面的标示与地球人联系。

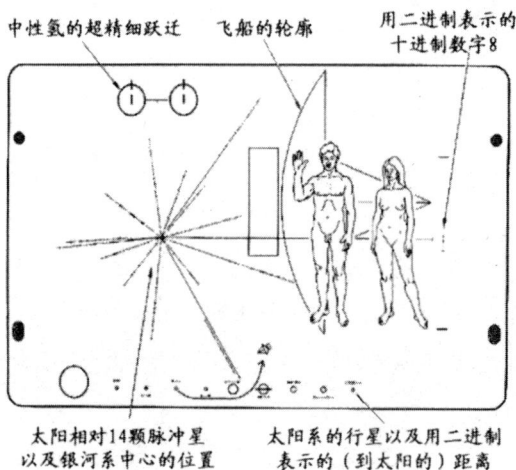

中性氢的超精细跃迁　飞船的轮廓　用二进制表示的十进制数字8

太阳相对14颗脉冲星以及银河系中心的位置　太阳系的行星以及用二进制表示的（到太阳的）距离

"先驱者"号所带的金属牌的图像

1977 年 8 月、9 月，美国发射的"旅行者"2 号和"旅行者"1 号探测器，除探测太阳系以外，也带有探测外星人的任务。它们携带一张铜唱片，上面录有 116 张展示地球人状况的图像、60 种语言、35 种音响和 27 种乐曲，可放两小时的音乐。唱片存放在铝盒中，可在太空保存 10 亿年。如果外星人发现，就可了解地球人，并按上面的标示与我们取得联系。

探测外星人是一件美好的事业，因为外星人的文明程度比地球人高得多，如能与外星人取得联系，可能会给地球人类带来一次智能大发展；探测外星人也多少带着风险，因为我们还不知道外星人是敌人还是朋友？会不会引"狼"入室，或者带来危害人类的病菌和其他邪恶的东西呢？会发生星际战争吗？

这一切都充满着悬疑……

太空探索的近期规划和设想

天基航天

将大型空间站发展成为空间航天基地，在空间组装特大型卫星，然后使用轨道机动飞行器将卫星送至地球同步轨道。按照这种思路，直径 5 千米、以太阳能发电阵为核心的空间电站也将会实现。利用空间航天基地还可以对卫星进行维护、维修，保证其长期稳定运行。实现天基航天的关键是低成本的运载火箭和可重复使用的运载系统，因此目前正在研制开发的空天飞机在突破关键技术后，将对天基航天技术发展提供有力保障。

2004年1月14日，美国总统布什发布了"重返月球"等航天发展计划，其目的是建立永久性月球基地，给将来人类登陆火星并在火星上建立基地做准备。

月球环境具有引力小、真空、无菌、磁场小、温差大、昼夜交替时间长等特点，加上月球地质条件特殊，具备地球没有的原材料资源，使整个月球犹如一个巨大的稳定平台，适合于开展科学研究和对天体探测，月球基地也有可能成为第一个人类在地球外星体建立的活动场所。预计在未来的20年内，人类将重返月球。利用空间航天基地，进行地月轨道运输船的组装维护，最终建成月球基地。

美国国家航空航天局（NASA）于2009年6月18日成功发射月球勘测轨道飞行器以及月球坑观测和传感卫星。这次探测活动是美国重返月球计划中首批探月任务。两个月球探测器将搜寻适宜登月着陆点、探寻月球水冰存在线索并勘测月球资源等，为下一步载人探月奠定了基础。

深空探测

深空探测的目的从根本上讲，是为人类认识并利用太空的资源和环境服务，并最终为获取太空资源和寻找适合人类居住的可能的生存空间服务。迄今为止，人类已经向包括月球在内的太阳系行星发射了近80个探测器，其中2/3由于种种原因以失败告终。近期行星探测主要围绕火星进行。

2003年6月2日，欧洲宇航局发射了"火星快车"探测器。它携带的"猎兔犬"2号登陆器预计于2003年12月25日凌晨登陆火星，但随后便失去联系。2003年6月10日和7月7日，美国发射了两艘"火星探测漫游者"探测器，分别携带"勇气号"和"机遇号"火星车。2004年1月4日"勇气号"降落在火星"古谢夫环形山"区域，随后"机遇号"也在火星表面着陆。这两个火星车均实现了火星行走，并传回了大量的数据和图片，找到了火星上存在水的间接证据，按照预期计划完成了任务。这些都为人类了解太阳系作出了直接的贡献。

2008 年 3 月 26 日，中国国家航天局与俄罗斯航天局在莫斯科签署协议，双方将于 2009 年联合对火星及其卫星"火卫一"进行探测。根据合作协议，俄方的"火卫一土壤样品返回"空间飞行器（简称"福布斯探测器"）与中国第一个火星探测器"萤火"一号将由俄运载火箭同时发射。据悉，"萤火"一号大约在 2010 年 9 月飞抵火星轨道，之后将进行长达一年的科学探测，向地球发回中国第一张火星照片。福布斯探测器将在"火卫一"表面着陆，并提取该卫星的土壤样品返回地球。

除了火星探测，俄罗斯也在加紧准备宇航员登陆火星的工程。为了给火星之旅做准备，2008 年 6 月，俄罗斯便开始与欧空局合作，挑选志愿者在封闭环境中进行 520 天的模拟火星飞行试验。2008 年 8 月 31 日，俄罗斯新闻通讯社引述俄罗斯联邦航天署署长佩尔米诺夫的话称，俄罗斯计划在 2035 年后，派宇航员登陆火星。

目前看来，在现有技术条件下，人类的长距离星际航行还不太现实，但飞往火星还是有可能的。

载人航天的发展目标

载人航天的发展目标归纳起来，有三个大的方面：

第一个方面就是开发和利用太空资源为人类造福。正如刚才所说的，包括我们的应用卫星在内，包括载人航天，都是要开发利用太空的资源，来为地球的人类造福。

第二，要了解、认识太空，认识地球，认识地球自己。因为地球上的环境离不开它所处的太阳系的环境，我们必须从一个宏观的角度，从一个太阳系的全面的角度来真正地认识地球。通过认识地球，来认识我们人类本身。

第三个发展目标，就是要推动科学技术的发展，提高人类的能力，扩大人类的生存空间。大家知道，我们已经经过了很多次的探索，感觉到探索使得人类的精神得到了巨大的激励。太空探索也带动了科学技术的发展。太空探索，将给人类带来长远的利益。

在新世纪里，探索我们所在的太阳系中每一个未知的角落成为科学家们最主要的任务。在 21 世纪的头 15 年里，科学家们的主旨研究方向是努力搞清楚太阳系及其行星的诞生和形成，以及地球的生存条件是什么。另外的课题是，探索火星过去与现在存在的方式，以及"气体行星"木星和土星卫星的情况。人类还将在月球、火星、谷神星（一个位于木星和火星之间，体积相当于月球一半的小行星）上建立一系列太空观测基地。

谷神星

但是遥远的距离和恶劣的生存条件，使人类无法实现到太阳系以外的星系旅行的心愿，所以科学家们将主要依靠无人驾驶自动宇宙飞船对其进行探测。在下一世纪的前数十年，人类将有望访问火星和靠近地球的一些小行星。如果，处于发展中的太空探测火箭推进技术发生了根本性的创新，人类在下一世纪还有可能到土星做客。因为，我们地球离我们的太阳系外星系极其遥远，就算最近的星系距离也有 4.3 光年，若使用目前最先进的宇宙飞船，也要连续飞行 20 万年以上才能抵达。所以，人类对太阳系外星系的访问还将是漫长、遥不可及的事情。就目前而言，人类对太空的探索仅仅是一个开端。

知识点

月球基地

月球基地是指人类在月球上建立的生活与工作区域。在月球上建立基地，主要有以下目的：更好地开展天文观测等科学活动；在月球上建立空间发电站供地球使用；开发月球各种矿物资源；为人类向更远的目标探索提供一个落脚点；为飞向更远的行星的飞船提供建造材料。建造月球基地将花费巨大的成本，还处在一般性探讨阶段。

太阳帆船的宇宙航行之旅

1992 年是伟大的航海家哥伦布"发现"美洲新大陆的 500 周年。为了重现当年哥伦布的探险精神，鼓励人们向新的"大陆"进军，一个国际宇航组织开展了一项前所未有的竞赛活动：利用太阳帆船作宇宙航行。人们准备发射 3 艘太阳帆船，分别代表美洲、欧洲和亚洲地区，航行目的地是月球。谁先到达月球，谁就可以得到"太阳帆杯"奖。

夜空中美丽的彗星

我们都知道，地面上的帆船是靠风作动力航行的。太空中哪儿来的风呢？为什么太空帆船要叫太阳帆船，难道这"风"是从太阳上刮出来的吗？对，这"风"的"风源"确实就是我们生命中不可缺少的太阳。

为了说明"太阳风"的情况，我们先来看看彗星。彗星，中国民间叫它扫帚星，因为它有一条长长的尾巴，很像一把扫帚。彗星的尾巴就是"太阳风"造成的。早在 1616 年，天文学家开普勒就指出，任何受太阳照射的物体，都会受到太阳光的压力，这种压力叫光压。光压的力量极其微小，在地球上是察觉不到的，因为在 1 平方千米的面积上，光压总共只有 9.8 牛（1000 克力），如果摊到你的身上，这压力简直是微乎其微了。它比起重力和空气阻力来，实在是微不足道。但是，在宇宙中，由于那里没有空气，又不受地球引力的影响，光压的威力就显示出来了。

在彗星周围有许多尘埃，在太阳光的压力作用下，这些尘埃就会被推向后面，形成一条长长的彗尾。如果在太空中，对着太阳，张开一面轻如薄纱似的帆，这帆在光压的作用下，就可以产生运动。由于太空中没有空气阻力，重力也很小，帆在很小力量的推动下，将得到很大的加速度。据估计，一般用太阳帆作动力的太空帆船，在理想的情况下，可达到每秒 100 米的飞行速度，一昼夜可以航行 7500 千米。地球到月球，直线距离为 38 万千米，如果一直有太阳照耀，大约只要 50 天的时间就可以抵达。

利用太阳帆船，可以飞向月球和其他星球。它是一种十分简便的宇航交通工具，因为它不用带其他能源，太阳能是取之不尽的。太阳帆船是利用太阳能中的光压直接推动前进的，不像其他太阳能利用装置，要把太阳光和热转化成电能或机械能，从而损失许多能量。当然，制造和驾驶太阳帆船需要高超的技术，必须

人们设想中的太阳帆船

找到一种轻而结实的帆布材料，还要有灵巧的结构。另外，在太空航行中，不是时刻都能得到太阳光的照射的，所以要有一套自动定向系统，一方面要保证准确的航向，另一方面又要使帆面时刻对准太阳。拿地球到月球的航程来说，因为月球绕地球转，地球又绕太阳转，所以要使太阳帆总是对准太阳，就要使帆船不断绕地球转，大约要转几十圈，航行 5000 万千米，历时一年整才能到达月球，而不能像上面所说的那样，笔直飞向月球。

"太阳帆杯"奖的竞赛方案早已制订出来了，并号召各国报名参加，中标者可以得到一笔研制费，并且可以免费搭乘美国的航天飞机。目前世界上已有 30 多个组织报名参加。中国上海宇航学会设计队和北京航天科研院校部门组成的星星设计队已报名参加，而且正在加紧试制太阳帆船。

2005 年 6 月 22 日凌晨 4 时 46 分，俄罗斯用"波浪"火箭发射了以太阳

光为动力的"宇宙"一号（Cosmos－1）飞船，进行太阳帆的首次受控飞行尝试。最新飞行数据显示，飞船在起飞83秒后遭到失败，主持这一项目的美国行星学会说，在发射约20分钟后，飞船与地面失去了联系。首次试飞失败了。

⋯⋯➤➤ 知识点

太阳风

太阳风是一种连续存在，来自太阳并以200—800千米/秒的速度运动的等离子体流。这种物质虽然与地球上的空气不同，不是由气体的分子组成，而是由更简单的比原子还小一个层次的基本粒子——质子和电子等组成，但它们流动时所产生的效应与空气流动十分相似，所以称它为太阳风。彗尾的形成就是太阳风"吹拂"彗星的结果。

令人振奋的空间开发计划

太阳能发电站

在美国，人们已经提出了发掘空间的太阳能来克服能源危机这样一个革命性的设想。这项研究的工作首先发端于亚瑟·D·利特尔公司。以后，这项研究成了宇航局的实验室以及一些主要的宇航公司，如格鲁曼、洛克韦尔、波音公司等所研究的课题。

在轨道上运行的发电站显然具有许多优点。它们可以不受恶劣天气的影响，不受白天才有阳光的限制，连续不断地产生电流。据洛克韦尔公司的科学顾问克拉夫特·艾里希博士估算，一个卫星太阳能电站1年内所提供的电能，就相当于37亿桶石油所产生的能量，这些石油相当于1973年中东全部石油输出量的一半。

现在要解决的问题是如何建造这种发电站，使我们可以依靠它来减少对石油的依赖性。为了获取足够的阳光，发电站的结构必然会庞大到数十千米。宇航员要在空间组装如此巨大的电站，必须借助一批航天飞机和空间拖船。

这种太阳能发电站将使用硕大无比的太阳能电池阵。航宇局设计的一种电池阵的长、宽均达 8 千米。在空间产生的电能，将转变成高能的微波能的形式向地球传输。在地面上，再把它转变成直流电，向各处输送。来自空间的能量波束可根据需要发送到某一地区，或直接从空间转发到另一地区。

但是，要实现如此宏大的设想，这还是几十年以后的事。目前，可能性最大的还是那些更为现实的计划。

太阳能源舱

在不久的将来，另一种小型的研制项目可能会有希望得到应用，这就是太阳能源舱。它既可以装在航天飞机的货舱中，也能在空间自由飞行。这种能源舱可以延长航天飞机在轨道上运行的时间。

马歇尔航天中心首先提出这种太阳能源舱的设计方案。它具有巨大的太阳"翼"，可以连续地给航天飞机供电，增加了能量供应，使航天飞机——空间实验室系统能承担范围更加广泛的任务。

最初设想的太阳能源舱，其主结构是由"阿波罗"望远镜装置的外框架改装而成的（"阿波罗"望远镜是"天空实验室"计划中遗留下的现成设备，这样做可以充分利用以前的研制成果），同时，还在为一种新式的推进系统研制两套太阳能电池阵。"阿波罗"望远镜装置中的控制陀螺用来保持能源舱的稳定，当能源舱对接到航天飞机中时，该陀螺还

"哈勃"太空望远镜

可使航天飞机保持稳定。

　　未来能源舱将同航天飞机的一个外贮箱连接在一起，它将成为航天飞机建造各种空间设施时的"强大后盾"。美国宇航局还认为，能源舱是为建立半永久性轨道实验室而迈出的一大步。这种轨道实验室将由"空间实验室"的两个巨大的增压舱组成，它本身能在航天飞机往返飞行之际在轨道上运行。

空间望远镜

　　空间望远镜是最令人振奋的空间研究计划之一。它堪称为一个在轨道上自由飞行的光学实验室，全长约 14.3 米，直径达 4.7 米，具有一架望远镜，一套探测和通讯设备，另外，还有一套能源系统和推进系统。望远镜的主镜直径达 2.4 米，足可与加利福尼亚州威尔逊山顶上的直径为 2.54 米的巨型望远镜相媲美。

　　空间望远镜置身轨道，高瞻远瞩，它能看到的空间深度是地球上所有的望远镜的 7 倍。它的分辨力是如此之高，竟然能在相距 580 千米之遥识别一枚较大的银币。

　　空间望远镜可以在地球轨道上运行 5 年，向地球传送它的发现成果。然后由航天飞机把它带回地面进行检修，以备再次发射。望远镜在空间工作期间，装在它两侧的太阳能电池帆板将连续地提供 4 千瓦的电能。

　　苏联为了同欧美竞争，也在着眼于规模宏大的空间科研工程。有一种正在研究中的大型空间结构名叫"超宽屏幕"。权威科学家认为，这种空间建筑将给宇宙研究带来一场革命。

　　他们设想的这种射电望远镜，将有一个巨型球形反射镜，其直径为 1～10 千米。它由一个个直径为 200 米的蜂窝组件构成。每个组件的中央都有一个 4 米宽的反射室。各个组件的倾斜度，由位于这个庞大结构前方的一架无人航天飞机发出的信号来调节。

　　超宽屏幕除了可以扩大射电天文学的研究领域以外，还可用来研究宇宙中其他文明人类可能发向地球的极微弱的信号。计算表明，这样巨大的反射器，在理论上可以探测到相距 10～100 光年的 1 架 100 万瓦发射机所发出的信号。要是有更强的信号发向我们的太阳系，那么即使相距 3000～10000 光年之遥，这种信号也是可以探测到的。

超宽屏幕将配置在离地球极远处，最理想的位置是在某个月平衡点上（离地球 384000 千米）。这样，就可以克服地球上的广播信号对空间微弱信号的干扰。

航天飞机绝不仅仅是使在地球轨道上运行的或进入深空空间的有效载荷的范围得以扩大，它所起的作用将远远超过于此。它为许多种材料的加工提供了一个只能在空间才能找到的、特有的工作环境。

美国和俄罗斯都已把小型的电加热炉送上了轨道，以研究在空间加工材料的未来前景。有些方面已呈现出乐观的前景，如为电子工业制造高纯度的晶体，为医疗事业制备超纯净的疫苗和血清等。

新型超轻合金

在空间还能制造各种新式的超轻合金。正如美国宇航局一名高级官员所说："我们将研制出超轻型的材料，将会给地球上的制造技术带来一场革命。我们可以像用酵母发酵面粉一样，把空气注入液态金属中，制造出泡沫状的金属材料，然后在失重条件下进行固化。"

"含有 87% 气体的一块泡沫钢材，它会像软木塞一样漂浮在水

"团结"号舱飞上太空

面！试想一下，飞机的机翼如果采用泡沫钢材，它会像不锈钢一样地坚硬，像铝一样地轻，这将是怎样的一种情景啊！"

空间材料加工一旦可以转入大规模的生产，下一个步骤便是建造空间工厂了，要组装这类大型的空间结构，需要把许多灵巧的制造机器送入空间。有几种制造机现在就已设计成了航天飞机上的"附属装置"。

147

宇航局马歇尔航天中心的几个研究项目，多次设想把航天飞机的大型外贮箱，作为各种空间站结构的核心。外贮箱的直径达 8.4 米，足可作为一个理想的永久性空间站。

在发射时，贮箱中只有一部分装有推进剂，它的头锥部腾出来作乘员舱。宇航员在轨道上组装巨大的空间结构时，这里就是他们的生活舱。

外贮箱一旦进入了轨道位置，第二架航天飞机就给它运来一个密封舱和一个对接舱，以及太阳能电池帆板。太阳能帆板在进入空间后展开，同空间站连接在一起，并向空间站提供电能。

这些设备同外贮箱组装完毕后，这个空间站便要准备好各种货物，足够 3 名宇航员在空间生活 6 个月。

与此相类似的一些方案是打算把一些实验室分别射入空间，然后再组装成一个较小的空间站。每个实验室的大小和形状都和现在的空间实验室的增压舱相仿，但它们可以从航天飞机的货舱中取出，在空间作自由飞行。

⋯⋯▶▶ 知识点

空间拖船

太空拖船是指在太空中担负拖驳运输的宇宙飞行器。外形犹如运载火箭中的一级火箭，既无机翼，又无尾翼，由船体、对接装置、动力系统、电力系统和辅助系统组成。它被装入航天飞机货舱里，带到离地 300—1000 千米的低轨道上，然后由机械手施放到太空，再点燃自备火箭发动机的推进剂，开始承担低轨道与高轨道之间的拖驳运输。

核动力宇宙飞船无限制飞行

英国《独立报》2006 年 6 月 14 日发表文章称，美国国家航空航天局（NASA）已经同意拨给美国洛克希德·马丁公司 600 万美元的研究经费，以便对由小型核反应堆驱动的跨行星探测飞船的建造进行理论研究。这意味着美国使用核动力太空船，来对太阳系其他行星进行勘探的愿望，离现实又近了一步。

据报道，洛克希德·马丁公司的这个项目名叫"普罗米修斯项目"，普罗米修斯是希腊神话中为人类取得火种的神。"普罗米修斯项目"的重点是进行核动力研究，近期目标是提供足够的推动力，以便向木星的 3 个可能存在生命的卫星发射飞船。

研究核动力的目的是为了打造一艘跨行星探测飞船。它不但能够在广袤的太空飞行，而且还能在飞行后依然拥有足够的能源，以收集科学资料并发回地球。

NASA 科学家认为，核动力是实现外层空间勘探的唯一可行的动力形式。这主要有两个原因。首先，虽然人类的探测飞船已经能够被发射至木星甚至更远的空间，但这些飞船的能量大都在飞行途中消耗殆尽，在抵达目的地后仅剩下相当于几个电灯泡的能源。这严重限制了飞船所能搜集的、并发回地球的资料。而小型的核反应堆所提供的动力，大致相当于太阳能的 100 倍。另外，由于太阳系外层的卫星和行星的

美国探索宇宙的新计划不断推出

阳光微弱，太阳能驱动的仪器在那里几乎完全失效。因此，NASA 认为在探测这些外层空间时，必须使用核反应堆作为动力。

理论上讲，只要核反应堆本身不出现故障，那么核动力飞船将可以在太空中无限制飞行下去。这除了因为核能源本身能够提供强大动力外，还考虑到飞船在外太空飞行所消耗的能量其实比早先估计的要少得多。因为，飞船

的能量大多消耗在脱离地球引力和太阳引力的过程中。一旦飞船达到或超过第三宇宙速度，即 16.7 千米/秒，成功脱离了太阳系的束缚，就可以暂时取消动力能源供应，在真空中利用惯性保持原有速度飞行，只在克服新的星体引力或变换方向时才再次启动动力装置。

建造太空医院的构想

太空医院是人类设立在永久性太空城中，为进入太空生活和旅游的人看病以及治疗地球上人类疑难病症的救治中心。它将利用太空轨道资源、真空资源、辐射资源、失重和微重力资源、太阳能资源、高低温资源等一切可以利用的太空资源开展医疗救助活动。

目前，在太空中，人们还无法开展疾病治疗的活动。把生病的宇航员送回地面医治存在两个问题，一是可能因延误时间而危及宇航员的宝贵生命；二是把生病的宇航员从太空送回地面，花费是非常昂贵的，一般约需 2 亿 ~ 3 亿美元。有没有"近水救近火"和相对便宜的办法呢？有，那就是建造太空医院。

建造太空医院可不是一件容易的事情。在地面上很容易处理的疾病，在太空可能变得很复杂，如传染病如何隔离，生病宇航员的工作谁来替代？还有，在太空能对病人进行准确诊断和医疗吗，如地面上常用的透视方法——X射线会发生什么变化？如何准确诊断？血液检验中能用地面上的生化指标吗？特别是在太空能进行手术吗？这些都需要进行探讨和实验。

为探索能否在太空进行手术，苏联曾在抛物线飞行的飞机上，进行过失重状况下的外科手术试验。那是对一只兔子进行局部麻醉后作开腹手术。试验初步证明可以在失重环境中进行外科手术。可是，航天器上空间狭小，不容许建立大手术室和手术台；同时，人在太空飞行中免疫力降低，手术必须在绝对无菌环境中进行。根据这些特点，研究人员研制了一种在失重环境中进行外科手术的手术舱，这是用透明氟塑料片制成的袖套式抗菌外科手术舱。

一般装有 2 ~ 3 对手术手套。根据手术的需要，可随时改动和扩展。内有袖套式止血带和注射器，将需要止血或手术的部位伸进去就可止血和注射麻醉剂。小巧轻便的手术器械用尼龙搭扣贴在舱壁上。手术时，医生将双手插入手术套中，用手术器械进行手术。

太空医院只能设在大型航天器上，而小型航天器上的宇航员，如果生病，仍然需要送回地面或送至太空医院医治。

另外，营救在太空遇险宇航员的"太空营救车"，也可将生病的宇航员接回地面。将来，随着进入太空人数的增多，特别是太空旅游业的兴起，也可专门设置"太空救护车"，平时放在太空飞行平台上，也可放在地面上，它们经常处在可飞行状态，一旦接到救护信号，就可以前去救护。

太空医院和太空救护车的设立，将可解除宇航员和游客在太空生病的后顾之忧。

目前，处理宇航员太空飞行中出现的各种疾病，采取"天—地"联合门诊的办法，即由地面控制中心采取遥感遥测的方法对宇航员的各种心理和生理参数进行检测，发现小毛病就由宇航医生在地面作出诊断，告知宇航员服用座舱内备用的救急药品，发现大毛病即从太空召回，到地面医疗中心就诊。

这种"远水不能解近渴"的太空医疗的办法，已越来越不适应长期太空载人飞行，成为目前急需解决的一个航天医疗难题。

苏联宇航员拉韦金和罗曼年科一起于 1987 年 2 月 6 日乘"联盟 TM - 2"飞船进入"和平"号空间站，原计划在太空生活一年，结果因拉韦金患病不得不提前返回地面。

美国宇航局也有设立太空医院的想法，太空医院将在以下 4 个方面为宇航员提供医疗咨询服务：一是定期为宇航员检查身体；二是医治受伤或患病的宇航员及其他人员；三是减轻宇航员因长期处在微重力状态下引起的生理失调；四是为宇航员进行体育活动提供服务设施。另外还提供一些"急救治疗"。

目前，太空中有世界上设施最完备和最小巧的医院，国际空间站上，应对各种状况的器材和药物一应俱全。从心脏除颤器到钻牙机，只差没有 X 光透视仪了，宇航员对它们的使用水平达到医师级别，处理擦伤或打针的技术不亚于任何护士。

太空医院的建立，将给宇航员及其家属带来安全感，消除他们患疾病难以得到治疗的后顾之忧，给他们的身体健康带来切实保证，为人类长期载人航天创造更良好的条件。